ニッチの頂点

地方メーカー世界一への軌跡

市丸寛展
ICHIMARU HIRONOBU

幻冬舎 MC

ニッチの頂点

地方メーカー世界一への軌跡

はじめに

「これなら絶対にいける……」

1978年の冬、父は自ら引いた図面を前にそう確信しました。

国内では未曾有のマイカーブームが起こり、世帯あたりの自動車保有台数が50%を超えようとしていた時代。業界の常識を覆し、のちに世界トップシェアを獲得する革新的なバルブが、わずか4畳ほどの小さな設計室で誕生した瞬間でした。

現在、私が4代目社長を務めるROCKY-ICHIMARUは、1978年に市丸技研（当時）として福岡県久留米市で創業しました。タイヤ製造に使用する加硫機用バルブや設備機器などを作るニッチな業界のメーカーです。もともと神奈川県の鉄工所で自動化設備などを設計していた父が、故郷に戻って起業したのがきっかけでした。

「加硫機用バルブ」と聞いても、多くの人がピンとこないと思います。タイヤはシンプルなゴムのチューブに見えますが、実はゴムのほかにワイヤーなど複数の部材を組み合わせることによってできています。製造工程のなかで、熱や圧力を加えることを加硫工程といい、その際に使用する設備が加硫機です。また、加硫機には複数のパイプを接続し、加熱、加圧のために送り込む蒸気、ガス、温水、冷水など流体の流れをバルブでコントロールします。このバルブが加硫機用バルブです。

起業当初、世界で使用されていた加硫機用バルブは米国製が主流でした。このバルブには壊れやすく修理しにくいという難点があったのですが、国内外のタイヤ工場で当たり前に使われていました。加硫機用バルブはニッチな製品であるため作り手が少なく、品質、構造、仕様などを改良する人がいません。タイヤ製造の現場も「手間がかかるが仕方がない」「バルブのメンテナンスはそういうもの」ととらえていたのです。

そんな改良の余地があったバルブにこそ商機がありました。

「価格を抑え、かつ壊れにくく、メンテナンスしやすいバルブを作れば日本の小さなメーカーでも十分に戦えるはずだ」

そう考えた父は独自のバルブ開発をスタートさせました。タイヤ業界とのコネクションはありません。加硫機用バルブについて専門性をもつ技術者もいません。そのような環境のなかで加硫工程や加硫機について研究し、開発を進めていきました。

そして父自身、途中退職と会社の起業を経て、長年試行錯誤を重ねた結果、ついにリーズナブルで壊れにくく、修理もしやすいオリジナルのバルブが出来上がったのです。それまでのバルブの常識を覆す三拍子そろった革新的な製品です。

国内のタイヤメーカーはすぐさまこのバルブに目をつけ、いきなり数千個もの大量注文が舞い込んできました。起業したてで、設備も人手もそろっていない会社にとって、まさにうれしい悲鳴でした。

その後も改良を重ねた独自のバルブは、その性能が欧米のタイヤメーカーにも認められ、海外からも注文が殺到するようになりました。誕生から45年ほど経ち、現在の加硫機用バルブの市場において推計で国内90％以上、海外30％前後のシェアを占めています。

今でこそ私たちは主力製品となった加硫機用バルブをはじめ、各種タイヤ製造機器の主要部品を改善して開発し、供給するリーディングカンパニーとして認知されていますが、道のりは決して平坦ではありませんでした。主力商品となったバルブの改良や製品ラインナップの拡大を進めながら、安価な類似品を作る他社との競争を必死に乗り越えてきました。また、中小企業にとっての課題である長時間労働、人手不足、在庫不足など、成長の裏側で浮き彫りになっていた経営リスクを解決するため社内改革も断行してきました。

本書は、名もない地方の町工場がニッチトップの座をつかみ、その地位を不動のものにするまでの軌跡をまとめました。私たちの挑戦が、地方の中小企業やものづくりに情熱を傾ける企業のさらなる発展と成長のヒントになれば望外の喜びです。

第3章

〝バルブ先進国〟の欧米市場を開拓

初の海外展示会で認められた圧倒的な耐久性

第4章

世界トップシェアの座をつかみ、さらなる「攻め」の戦略を立てる

主力製品の品質改良、製品ラインナップの拡大

第5章

長時間残業、在庫不足……成長の裏側で浮き彫りになった経営リスク

世界トップの座を不動にするため断行した組織改革

第6章

時代に合わせたアップデートでニッチの頂点を極める

求められるのはサステナブルなものづくり

第 1 章

1970年代、
「品質が悪くて当たり前」の時代……

小さな町工場が
見出した商機

日本の急成長を支えた製造業

日本が世界第2位の経済大国となったのは1968年のことでした。戦後の復興を経て、1950年代後半からは1年あたりの経済成長率が毎年10％前後まで伸び、1980年代後半にかけて世界的に見ても驚異的な急成長を続けたのです。GNP（国民総生産）比較では、1966年にフランスを、翌年にイギリス、1968年には西ドイツ（当時）をそれぞれ抜いて、アメリカに次ぐ経済大国となっていきました。

この目覚ましい急成長を支えたのが国内の製造業です。1950年代まで繊維産業が成長したのに続いて、1950年代後半には「三種の神器」と呼ばれる冷蔵庫、洗濯機、白黒テレビがよく売れて各家庭に普及が進みます。国内の大手電機メーカーが業績拡大を続け、日本を代表するメーカーとして世界で広く認知されていきます。電機製品の製造に必要な鉄やプラスチックといった材料を供給する鉄鋼業や化学工業も大きく成長しました。

経済成長によって暮らしが豊かになっていくにつれて、自家用車をもつ人が増えていきます。その追い風に乗って国の基幹産業となったのが自動車産業です。

1963年には名神高速道路が開通し、5年後の1968年には東名高速道路が開通します。1964年にアジアで初となる東京でオリンピックが開かれると、国内景気はますます盛り上がり、マイカーブームが広がります。1965年に630万台だった国内の自動車保有台数は、1967年には1000万台を突破しました。生産台数も西ドイツを抜いて世界2位となり、かつて庶民には手が届かなかった車を誰もが気軽に乗り回せるようになったのです。

マイカーブームは自動車本体だけでなく、タイヤなど各種部品のメーカーにも大きな恩恵をもたらしました。タイヤは乗用車1台につき4本(スペアタイヤを入れると5本)必要で、車の生産台数が増えるとタイヤの生産需要も大きく伸びます。また、高速道路の整備が進むことによってマイカーでの移動距離が伸び、タイヤが消耗するスピードも速くなり交換サイクルが短くなります。

このような背景を踏まえて、各タイヤメーカーは工場と設備を増やしてタイヤの生産体制を強化します。販売と供給の体制も急ピッチで構築し、全国規模で店舗を増やしてタイヤの販売網を拡大していくことになったのです。

タイヤメーカーの設備増強

タイヤの原料となるゴムには、ゴムの木の樹液であるラテックスから作る天然ゴムと、石油を精製する際にできるナフサから作る合成ゴムがあります。いずれもそのままでは伸び縮みするゴムにはなりません。原料に硫黄などを混ぜて粘土状の材料にし、熱と圧力を加えて化学変化を起こすことによって弾性を向上させます。この工程を加硫といいます。

また、タイヤは1枚のゴムでできているように見えますが、複数の部材を組み合わせて作られています。タイヤの製造工程では、トレッド、ベルト、インナーライナー、カーカス、ビードワイヤーといった部材をドラムという円形の機械上で貼り合わせ、グリーンタイヤと呼ばれるタイヤの原型に成型し、加硫機で加硫します。このような工程を経て弾性と耐久性があるタイヤが出来上がるのです。

この方法は1839年にアメリカのタイヤメーカーが開発しました。以来、タイヤ業界をはじめゴムを使う産業が発展し、タイヤ業界ではより効率的で効果的な加硫の方法を求めてタイヤメーカー各社や加硫機メーカーが試行錯誤していくことになったのです。

加硫機内部では加硫前のタイヤに温水や蒸気で熱を加えるため、加硫機にはいくつもの配管が接続され、加硫機内に送り込む温水や蒸気をコントロールするためのバルブも使われています。バルブは簡単にいえば、配管内を流れる気体や液体を止めたり絞ったりする装置です。日本語では弁や栓と呼ばれ、身近なところでは水道の蛇口もバルブの仕組みで作られていますし、ガス栓や消火栓などもバルブです。このように一般に多くの場面で使われているバルブですが、加硫工程においても小さいながら重要な役割を果たしています。タイヤメーカーはサイズや用途に合わせて複数の種類のタイヤを作るため、1台数千万円する加硫機を工場内に100台以上設置します。それに伴い、各加硫機で作るタイヤによって配管系統やバルブの構成も異なります。

タイヤの製造工程のなかでは加硫は一部分に過ぎず、ほかにも材料となるゴムを練る工程（配分は企業秘密）、練ったゴムを伸ばして部材材料にする工程、各部材を組み合わせてタイヤに成型する工程などがあり、それぞれに高額な設備が必要です。そのような設備投資をしながら各タイヤメーカーは生産規模を拡大していました。このことからも高度経済成長期における車やタイヤの需要が大きかったことが分かります。

品質が悪くて当たり前の時代に見出した商機

タイヤの生産設備の部品の一つに過ぎないバルブであっても不具合があるとタイヤ自体の品質不良につながってしまいます。また、当時は加硫機用バルブを作れる会社が国内にほとんどなく、時間とコストをかけて新たなバルブをアメリカから取り寄せなければなりませんでした。

このバルブは加硫機用バルブの標準でしたが、改良できそうな点がいくつもありました。そもそも加硫機用バルブは加硫機の裏に取り付けられている部品の一つであり、そこに目を向ける人は少ないため、超がつくほどニッチなバルブは何十年にもわたって改良されることはなく、進化していませんでした。

そこに商機を見出したのが私の父です。

加硫機用バルブの市場は、言い換えれば競合が少なく、改良に取り組む人もほとんどいないブルーオーシャンです。そこに着目し、新しいバルブの開発はスタートしました。バルブの不具合に備えメンテナンスをラクにするための器具を作るのではなく、もっと本質にアプローチして当時の加硫機用バルブが抱えていたさまざまな課題を洗い出しました。そして、24時間稼動する生産設備での使用にふさわしい性能と寿命、メンテナンス性をもつことでその課題を一気に解決できる、まったく新しいバルブを作り出そうと考えたのです。

父はもともと神奈川県にある社員30人くらいの鉄工所に勤め、技術者としてのキャリアをスタートさせました。当時の世の中はあらゆる機械の自動化が進んでいる時期です。切削加工の一種である旋盤加工を例にすると、職人による汎用旋盤から数値制御（NC）装置を組み込んだNC旋盤が開発されたのがこの頃です。今でこそ当たり前になっているプログラムによる機械の制御も、この頃に世界で初めて開発されました。

そのような環境のなかで自動機械の設計に携わっていた父は、将来的には自分で設計した自動機械を作り出したいという思いを抱いていました。のちに父は、モータリゼーションの浸透によって需要が伸びていたワンマン路線バス向けの運賃精算機（自動機械の一種）などの開発に携わることになります。

1966年に故郷の福岡県に戻り、親戚が経営するものづくりの会社で設計の仕事に就き加硫機用バルブと初めて出合います。ある日、取引先の1社がタイヤメーカーで使っている加硫機用バルブを持ち込み、同じものを作れないか、できればバルブの構造から見直して新しいバルブを作ってほしいと相談に来たそうです。

取引先が持ち込んだのはアメリカのメーカーが作っているバルブでした。このメーカーは加硫機用バルブで圧倒的なシェアをもち、国内のタイヤメーカーや加硫機を作る加硫機メーカーにもバルブを販売していました。

当時は加硫についてもタイヤの製造工程についても知らない父でしたが、課題はすぐに理解しました。加硫機は加硫のために内部を高温、高圧の状態とする必要があるため、加硫機内に接続する配管やバルブも頑丈であることが求められます。しかし、このバルブは品質がいまひとつで、バルブから気体や液体が漏れます。水道の蛇口で例えれば、栓を閉めても水がしっかりと止まらないような状態になるのです。また、バルブ本体が材質の関係上肉厚で重く、配管への接続はねじ込みしかないため取り外しや取り付けに苦労するなど、メンテナンスに手間がかかる点も課題でした。

これらの課題をクリアし、高品質かつ耐久性に優れた革新的なバルブをいかにして作るか――。戦略として重視したのは二つの点です。

一つは加硫機用バルブというニッチな市場に特化し、顧客であるタイヤメーカーの生産現場に寄り添いながら、さまざまな課題を解決する技術を磨き続けていくことです。バルブはさまざまな業界で使われる汎用性が高い部品であるものの、使用環境や使用方法の違いにより、バルブの最適な構造が異なります。最高使用圧力や最高使用温度といった数値的な仕様だけでなく、現場の従業員がどのように使うか、どんな流れでバルブのメンテナンスや交換を行っているかも丁寧に聞き出し、生産現場で使いやすい、加硫機用バルブに特化した仕様にする必要もあります。例えば、バルブを交換する手間を抑えるためにバルブそのものを小さくしてほしい、正常に動いているか一目で分かるようにしてほしいといった工場ごとのニーズがあるのです。

そして二つ目は、顧客の依頼の一歩先を行く課題解決策を提案し続けるということです。バルブの作り手である設計担当者は、開発の初期段階から顧客の現場に足しげく通い改善と改良のニーズを掘り出します。その積み重ねがのちのちになって完成したバルブの価値を高めました。国内のタイヤメーカーで使われるようになり、世界からは高品質のメードインジャパンの製品として認知されることにつながったのです。こうして常に顧客の期待を上回る方法を考えることを重視し、顧客が認知していない隠れた課題を見つけ出したうえでさらなるアイデアを出し、改良を繰り返していきました。「品質が悪くて当たり前」の時代にビジネスチャンスを見つけた小さな町工場の挑戦が始まったのです。

第 2 章

タイヤ製造の転換期に対応した技術革新

創業者がたった一人で生み出した「リーズナブルで壊れにくいバルブ」

生産現場の声を設計に反映

新しいバルブの開発は、加硫機の構造、バルブの役割、バルブのユーザーであるタイヤメーカーや加硫機メーカーについてなど業界内の基本的なことを理解するところから始まりました。

当時、国内では重工系大手の2社が加硫機を作っていました。タイヤメーカーはこれらメーカーから加硫機を購入します。タイヤメーカーが配管系統やバルブなどの機器仕様を加硫機メーカーに指定して加硫機が出来上がるわけです。

幸い、会社がある九州にはタイヤメーカーの工場がいくつかあり、そこに足を運ぶことで加硫工程も実機を見ながら学ぶことができました。

工場内には左記に示すような縦横数メートルに及ぶ大きな加硫機が何台も並んでいます。未加硫のグリーンタイヤを挿入すると、直径2メートルほどあるふたが閉じて熱と

乗用車用タイヤ加硫機の一例

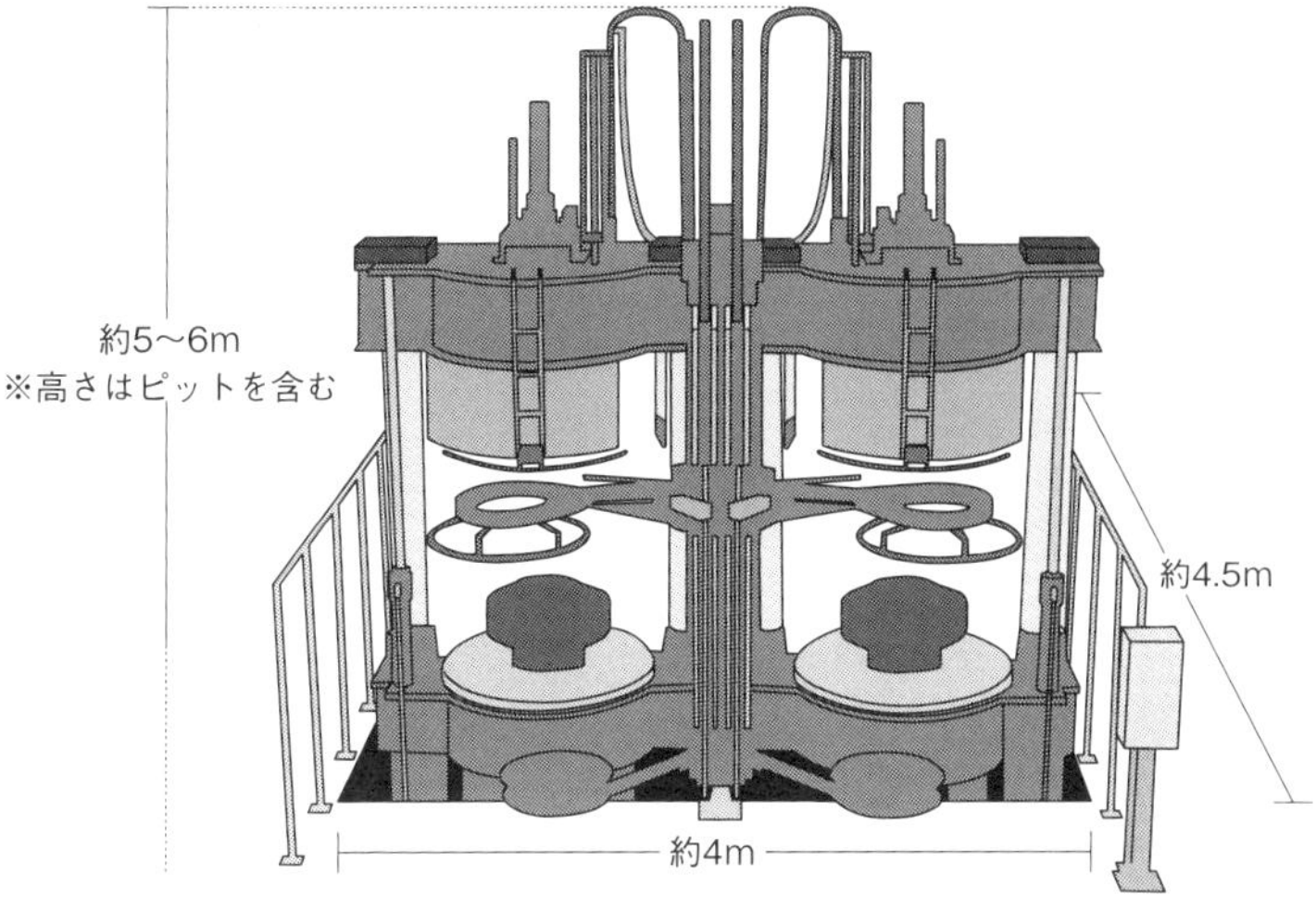

圧力を加えて加硫が始まります。閉じている時間は、乗用車用のタイヤで10分前後、サイズが大きいトラックやバス用のタイヤで40分から50分ほどです。この工程がほぼ自動で淡々と行われていく光景は、自動機械を作りたいと思っていた父にとって印象深いものだったはずです。工場内で加硫機以外にもさまざまな設備が稼動している様子を見ながら、父はいつかタイヤ製造の大型機械を自作したいという思いを強くしたのでした。

一方で、目の前の課題はバルブです。品質基準を満たすタイヤを作るためには加硫機の中に正確に熱や圧力を加える必要があり、制御を担うのがバルブです。タイヤの性能と生産効率に影響するという点で加硫工程においてバルブが果たす役割は大きいのです。

また、加硫機などを作るために資金が必要ですし、作れたとしてもタイヤメーカーに導入するためには実績が求められます。その点からも、まずはタイヤメーカーが納得するバルブを作ることが第一歩だと考えた父は加硫機についての理解を深め、工場で働く従業員にどんな不具合があるか、どんな課題があるかを聞きながら新しいバルブの設計に反映させていったのです。

革新的なバルブの誕生

こうして加硫機、加硫工程、そして生産現場の従業員の業務を踏まえて、新たなバルブの構想がまとまっていきました。既存のバルブは取引先が持ち込んだアメリカ製のダイヤフラムバルブです。ダイヤフラムとは膜のことで、ダイヤフラムを介して操作エアを動かす推力に変え、ステムとバルブ本体の隙間を開閉させてバルブを通過する流体をコントロールする仕組みです。ここでいうステムとは駆動部からの操作力をバルブに伝達する棒状の部品のことです。

その過程で漏れが生じるということは、ダイヤフラムが機能していないか、もしくはシート部が傷ついているか、いずれにしてもシート部の密着性（シール性といいます）に問題があります。おそらく加硫工程で何度もバルブの開閉を繰り返すこと、熱源である蒸気配管に近いためダイヤフラムが劣化すること、そしてシート部が金属同士であることに起因してシール性が維持できなくなっているのだろうと父は考えました。

その点に着目して、液体漏れを防ぐだけでなく、液体よりも漏れやすい気体もきちんとシールでき、なおかつ高頻度の開閉動作に耐えられるエア駆動部をもつ耐久性の高いバルブを考えました。

また、既存のバルブは金属同士が接触するメタルシール構造で、それがメンテナンスの手間を増やすことにつながっています。そこで、樹脂（ＰＴＦＥ）のシートを採用し、金属面のすり合わせ作業をなくすことによってシール性を高めつつ、メンテナンス性を向上させる設計としました。

このような課題を踏まえて、フルボア構造のバルブが完成します。フルボアは、バルブを通過する流体の流路の直径が配管内径とほぼ同じ構造のことで、これがのちに私たちが作り出したバルブの原型となります。

もう一つの特徴はつなぎ方です。バルブのつなぎ方には、双方にねじの型をつけ、回し入れて接続するねじ込み式と、ボトルとナットで接続するフランジ式があります。フランジとは、部材同士をつなげるツバのような形をした部品です。既存のバルブはボディの材質の関係上ねじ込み式しかありませんでした。そのため、液体はほぼ漏れませんが、気体を通すと接続部分から漏れる可能性があります。また、バルブの取り外しや取り付けには多くの労力がかかってしまう状況でした。

そこでフランジを用いた接続方式にすれば、気密性、液密性を保持するシール材（ガスケットといいます）をフランジ間に使うことで気体が漏れにくくなります。ボルトとナットで接続しますので、バルブの交換も既存のバルブと比べて容易にできるようになります。このような点から従来のねじ込み式だけでなくフランジ式も必要ではないかと父は考えたのです。

事業化に向けた考え方のズレ

このようなアイデアと構想を踏まえて新しいバルブの設計図が完成しました。さっそく試作品作りに取り掛かり、バルブ本体はフランジを溶接で取り付けできるステンレス鋳物でできていますので、取引先の鋳物会社に設計図を渡します。出来上がったバルブボディに父が自らフランジを溶接しました。

試作品をテストした結果シール性の問題はきちんと解消されていました。タイヤメーカーの評価も高く、父が考えた新しいバルブは加硫機用バルブの新製品として徐々にタイヤメーカーで使われ始めることになったのです。

また、これまでにないタイプのバルブを生み出したことに加え、タイヤメーカーの生産現場でのヒアリングなどを通じて細かなコミュニケーションを積み重ねてきたことで、タイヤメーカーとのつながりも強くなっていきます。「こういうバルブは作れないか」「この点を改良できないか」といった相談を受ける機会が増えます。長年、改良されることなく放置されてきたバルブに潜在的な需要と市場開拓の可能性があることが明らかになったのです。

タイヤメーカーとの関係性を強くしていけば、加硫機用バルブ事業を一回り、二回り大きくできる可能性が高くなってきます。国内タイヤメーカーは大手企業であるため、取引先としては優良顧客ですし、仕事になれば売上も安定します。また、タイヤメーカーは世界中にあり、高品質なバルブを提供することでさらに多くの需要が見込めます。

父はバルブが高く評価されたことに大きな手応えを感じ、さらなる改良に向けてモチベーションが高まりました。ひとまず既存のバルブの課題は解決しましたが、改良点はまだあります。耐久性はもっと高くできるはずですし、流体の漏れもさらに抑えることができるはずです。

父は試作したバルブのさらなる改良案を考えました。例えば、現状はエア駆動部のピストンシールとしてゴムのOリングを使っていますが、耐熱性・耐摩耗性のある材料に替えることで劣化による漏れを防ぐことができると考えたのです。さらに、シール性は高いものの寿命に問題があったPTFEのシートについても、材質を変えることで耐久性が向上する可能性があります。実際、これらのアイデアをのちに試し、PTFEを使うばね入りのUシールおよびカーボン繊維入りPTFEシールを採用することとなります。

また、生産現場でのメンテナンスをラクにするためにはバルブそのものを小さく、軽くすることが大事です。既存のバルブよりコンパクトになれば、ボディを軽くでき、その分だけ製造コストも抑えられます。バルブの開発が軌道に乗り、タイヤメーカーとも強いつながりができたため、タイヤ生産の現場でのヒアリングがさらに弾み、次なる課題も見えてきて、その課題解決に向けたアイデアも湧いてきます。こうした取り組みから、当初はフルボア構造だったバルブをレデューストボア構造（配管の内径よりもバルブの流路が小さい構造）に変える設計も考えました。

しかし、ここで会社と父との間で意見が割れました。会社は顧客の要求を満たす新たなバルブができ、取引を獲得できたことに満足しています。一方、父は加硫機用バルブをさらに改良し、顧客の要求を上回るバルブを開発することによってさらに市場を開拓したいと考えています。会社員である以上、父は会社の方針に従うしかありません。事業拡大のチャンスも得られません。会社と父との間に大きなズレが生じたことがきっかけとなり、父は会社を退職したのです。福岡に戻って12年目のことでした。

現在のROCKY-ICHIMARUのバルブ

3方ピストン弁TPCシリーズ

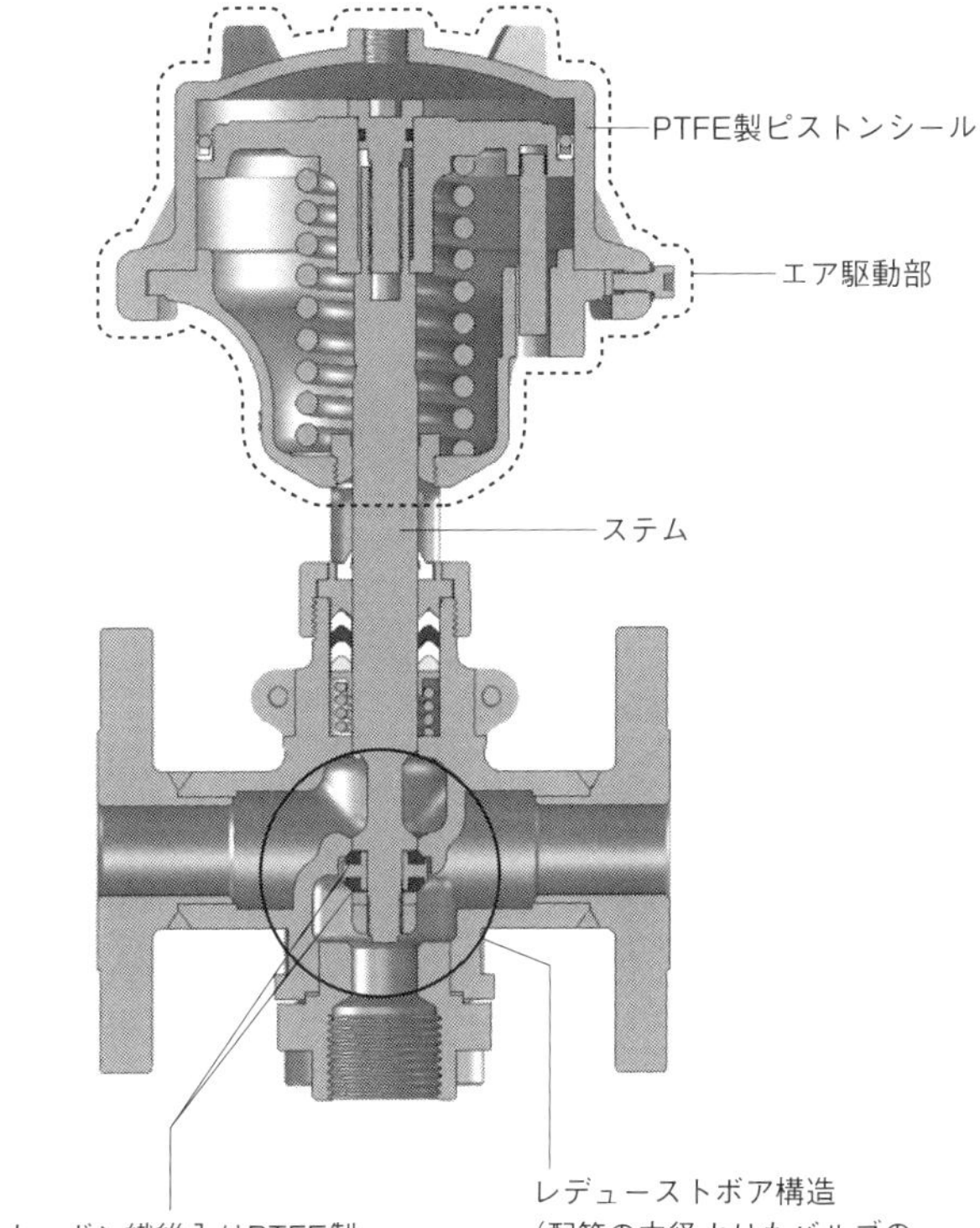

起業の障壁は資金調達

退職後の選択肢として、古巣である神奈川県の鉄工所に再就職する道もありましたが父は起業して加硫機用バルブを作り続ける道を選択しました。

父の選択を強く後押ししたのは加硫機用バルブの生産で付き合いがあった地場の金属加工会社の社長でした。その社長は新しいバルブとバルブ改良の技術に大きな価値があると感じ、「まだ改良の余地はある。完成度を高め良いバルブを求めている人の期待に応えるのが生みの親の使命だ」と言って父を説得したのです。

社長の説得で起業する決意は固まりましたが、起業にはヒト、モノ、カネが必要です。幸い、ヒトはいました。新しいバルブの開発に取り組んできたなかで父が起業するならついていきたいと熱望する製造技能者や事務員が4人いたのです。父は技術レベルが高かったのに加えて、教えるのも好きです。技術や設計については聞かれればなんでも教えて、聞かれなくても自分から教えに行くようなタイプでもありました。そのような姿勢が彼らには響いていたのか、彼らも父の起業を喜び、応援しました。小規模でのスタートですが父にとっては十分でした。

モノについては、創業時には大掛かりな設備は必要ありません。必要な設備は会社を設立してから買いそろえればよく、設備を提供してくれる機械メーカーなどのつてもありました。

問題はカネです。設備をそろえたり生産拠点となる場所を借りたりするための資金が必要でした。手元の貯金はいくらかありますが、会社員としての安定した収入がなくなった今後の生活のことを考えると安易に手をつけるわけにいきません。実績がない会社では金融機関からの融資も難しいでしょうし、出資してくれそうな人や会社とのつながりもありませんでした。

少ないつながりをたどり、起業に向けた資金調達を試みたところ、まずは古巣である鉄工所の社長が出資を快諾してくれました。また、起業を勧めた金属加工会社の社長や、父の親戚も出資してくれました。しかし、それだけでは足りません。応援してくれる人はいましたが、経済的にはまだ十分とはいえない状態から起業の道を切り拓いていかなければならなかったのです。

小さな縁が生んだ大きな出会い

そのとき再び金属加工会社の社長が突破口を開いてくれます。タイヤメーカーに好評なバルブがあると、福岡県内の商社に紹介してくれたのです。

商社は鉄鋼業界の大手を顧客とする事業をしています。また、自社工場をもつものづくり商社として、高圧油圧ポンプの製造と販売なども手掛けていました。

金属加工会社はそこの協力会社で、付き合いのなかで商社から「技術者が足りていない」と聞いていました。そこで社長は、商社であればバルブの仕事を取ってきてくれる可能性があるし、もしかしたら起業に向けた資金面の相談にも応じてくれるかもしれないと考え、接点をつくってくれたのです。

金属加工会社の社長が、まず日頃から付き合いがある商社の製造部の課長にバルブを見せたところ、課長はバルブを見るなり、すごいものを作れる人がいる、と可能性を感じてくれたそうです。そして課長は、一度会ってみてはどうか、とさらに社長室の室長に話をつないでくれました。そうして室長との面談の機会が生まれ、起業に向けた一筋の光が射し込むこととなったのです。

商社との話がとんとん拍子に進んだ理由はタイミングが良かったからだと思います。当時、商社の仕事は7割が鉄鋼関連向けでした。ただ、高度経済成長期で鉄鋼業界の景気が良かったことから業績を伸ばしていましたが、一つの業界に依存し過ぎることへの懸念があるため、脱鉄鋼を今後の方針に掲げて自動車などの新たな事業領域に手を伸ばす機会を探していたのです。

また、当時の売上は70億円ほどで、中期経営計画で100億円を目標に掲げていましたが、そのためには鉄鋼の仕事だけでは足りません。売上を伸ばすという点でも新たな分野への進出が重要ですが、自動車メーカーとの取引はハードルが高く、Tier1 や Tier2 と呼ばれる部品供給のサプライヤーには入れません。

その点、加硫機には可能性があります。自動車メーカーとの取引は難しくても、加硫機用バルブを通じてタイヤメーカーとのつながりができれば自動車業界への足がかりになります。脱鉄鋼と売上100億円の目標達成を見据えて、室長はバルブとバルブ開発の技術に興味をもったのでした。

起業のための交渉

商社側と父が初めて面談したのは福岡市内の料亭で、商社からは室長と営業の担当者が出席しました。

商社側が知りたかったのは加硫機用バルブの事業性についてです。加硫機のこと、現在使われているバルブの課題のこと、そして改良から生まれた新しいバルブの特徴などを話すと、商社の二人の関心はさらに高くなりました。

また、加硫機用バルブは改良を手掛ける人が少ないニッチな市場であり、だからこそ新規参入の見返りは大きいこと、そして、タイヤメーカーは生産技術の過渡期にあり、温水を使う加硫からガスを使う加硫に変わっていくことで、高品質なバルブに交換する需要が見込めるといった点も大いに魅力を感じてくれたのです。

バルブを取り巻く現況が伝わったところで、室長は父に入社を打診したのです。室長はものづくり商社として発展していくために油圧機器の製造販売を伸ばすことで製造部門を強化したいと考えました。社内にエンジニアリング部門を作り、技術者の増員と教育に力を入れるとともに、優秀な技術者を獲得したいという考えがあったのです。

しかし、父は断りました。金属加工会社の社長の説得もあって、すでに父は自ら起業する意思を固めていたからです。仮に起業がうまくいかずに会社員として働く道を選ぶとしても、その場合は尊敬する技術者がいる古巣の鉄工所に行こうと考えていましたし、鉄工所の社長からはいつでも帰ってこい、と言われていました。

父は室長に、起業したいが資金がないため出資をお願いできないかと申し出ました。会社の株主となって資本金を出してくれないかと頼み込んだのです。

必要な資金は2000万円ほどです。それだけあれば、ほかの人たちから集めた出資金と合わせて人を雇ったり設備を買いそろえたりすることができます。

室長は技術者ではないため新たなバルブのもつ価値や事業性に関しては推測するしかありませんでしたが、加硫機用バルブという新たな市場に進出することには前向きで、可能性を感じていました。加硫機やバルブについて熱く話す父の様子を見て、応援したいという気持ちも芽生えたのだと思います。

面談の最後に室長は経営陣に提案すると約束してくれました。室長が会社との交渉役を担ってくれたことで、起業の計画がさらに一歩前進することになったのです。

エンジニアからの高い評価

室長がさっそく出資の話を商社の社長に伝えると、社長は「経営会議にかけるにあたってまずは加硫機用バルブについて市場性を調査してみてはどうか」と答えたそうです。

社長の指示を受けて、九州にあるタイヤメーカーの工場を回り、加硫機用バルブの需要、新たなバルブの評判、温水からガスに変えたときにどれくらいの部品交換が必要になるかといったことをリサーチすることになりました。

ところが、タイヤメーカーはそれぞれ競争していますので、競争要因となる加硫の方法もどのバルブをどんなふうに使っているかといったことも企業秘密なのです。

また、タイヤメーカーとこの商社は取引実績がありません。しかも商社は複数の企業と取引があるため、自分たちの生産技術が競合に漏れるのではないかと警戒し、ますますガードが固くなりました。

この状態ではリサーチできないため、室長は父に現場のエンジニアを何人か紹介してもらうことにしました。父とつながりがある人からであれば話が聞けると考えたのです。父はこのタイヤメーカーのエンジニア数人と面識がありました。そこで彼らの名前を教え、またエンジニアたちには、商社の社員が製品について話を聞きに行くから感想や評価を教えてあげてほしいと伝えました。

その結果、新しいバルブは不具合がほとんどなく、メンテナンスも簡単な良品としてタイヤメーカーで高く評価されていることが詳しく商社に伝わりました。加硫機は自動車産業の動向に影響を受けやすいため中長期的な需要と事業性が読みづらいという難点がありましたが、一方で、加硫機用バルブの競合はほとんどないことが分かったことも商社にとって大きな安心材料の一つになりました。

独立の背景

リサーチを踏まえて、商社の社内では出資の話が経営会議にかけられました。室長は新しいバルブに絶対的な自信をもって出資を提案しました。

しかし、経営会議では意見が割れ、むしろ反対派が多数でした。反対派が多かった理由の一つは、バルブは儲からない、市場が小さ過ぎるといった意見があったからです。

もちろん事業が成功すると断言はできません。しかし加硫機用バルブという新たな分野への進出は、脱鉄鋼の経営方針に合致していると考えていた室長は、一緒に会社を作る価値があると確信していました。小さい市場だからこそ、尖った技術で優位性を発揮できるはずです。

室長はバルブに懸ける父の熱い思いや、バルブで大きな事業を作り出す夢に共感していたのだと思います。室長は財務出身ですから技術のことは分かりません。父は逆に技術一本で財務のことが分かりません。しかし、職種に関係なく仕事に取り組む姿勢や思いは伝わるものです。頑張っている人は応援したくなりますし、楽しく仕事をしている人とは一緒にやりたいと思うものです。そのような思いが室長にはあり、出資と会社設立の提案にも力が入ったのだと思います。

この会議で室長は諦めることなく、ほかにはない面白い事業だからやらせてほしいと頭を下げて懇願しました。徐々に役員に賛同者が増えてきたものの反対意見も根強く、議論は平行線となりました。

最終判断は商社の社長の決断に委ねられました。そして社長は技術も製品も良く、自分たちの発展にも結びつく可能性が見込めるなら会社として資金を出す価値があると決断したのです。

社長は脱鉄鋼の意欲が強く、次の発展につながる商材を探していました。もし鉄鋼業界だけを見ていたら出資の話は進みませんでした。加硫機用バルブの仕事はマーケットが小さいため、やはり出資には至らなかったと思います。

また、社長の性格としては挑戦意欲があり、苦境があってもめげません。業績が振るわずに気持ちが暗くなりがちなときも、結果を嘆いても始まらない、大事なのは前向きな気持ちと元気だと考え、明日は晴れると信じて積極的に行動を起こしていくタイプです。

社長がそのような性格だったことも会社設立の追い風でした。新たな成長の機会を求めている商社にとって、加硫機用バルブは絶好の商材だったのです。

社長判断を経て、商社の社内ではさっそく新しいプロジェクトに向けた具体的な検討が始まりました。加硫機用バルブを拡販していくためのチームも作り、チームリーダーには料亭での最初の面談で話をした営業担当者が選ばれました。彼も室長と同様にバルブ事業に将来性を感じていた一人で、事業化に向けたリサーチなども熱心に行っていました。

社内の稟議や手続きなどで時間がかかる大手企業と比べて、社長のひと声ですぐに行動できるのが中小、中堅企業の良いところです。そのスピード感と行動力が強みの一つともいえます。

また、社長は経理と相談し、会社設立とその後の展開のためのリソースとして最大2億円の資金を確保して、プロジェクトリーダーに「2億円やる。任せた」と伝えたのです。

プロジェクトチームの稼働

このように紆余曲折はありながらも、周りの人たちの共感と理解を得たことで、会社設立の準備が整いました。そして商社社長の出資決断から約2カ月後、1978年11月に市丸技研が誕生しました。

株主構成は父が60％、商社が25％、神奈川の鉄工所が5％、金属加工会社が10％です。商社からは役員一人と非常勤監査役が一人派遣されることになりました。父と、父が起業する際についてきたメンバーがものづくりを担当し、販路の開拓、拡大、販売は商社が担うことになったのです。

会社兼工場は、当初は金属加工会社社長の案で福岡市内を検討しました。しかし、都市部は人の流動性が高く、工場で働く人を集めにくいと考えて、博多から車で1時間ほど離れた久留米で探すこととなりました。

設立場所が決まったのは会社の登記とほぼ同時期となる10月下旬のことです。JR久留米駅からほど近い久留米市瀬下町で材木店の倉庫だった50坪の建物を借りました。

場所が決まったら次は設備です。バルブは鋳物製で本体を外注で作りますので、鋳物の業者をあたります。社内では鋳物会社から届くバルブを完成させるための旋盤などを準備します。

生産体制が整うまでの時間も無駄にはできません。プロジェクトチームを立ち上げ、さっそくタイヤメーカーに向けた営業を始めました。

プロジェクトチームはプロジェクトリーダーを含めて15人です。タイヤメーカーへの営業は初の試みで、新たな製品は取引先に認知されるまで時間がかかるため、メンバーは室長が人選し、若くて優秀な人をプロジェクトに入れました。

ただし、メンバーはそれぞれ別の案件や事業も抱えていますので、加硫機用バルブにだけ関わることはできません。主体となったのは営業3人です。彼らが、九州全域、愛知、東京の担当となり、各地域に工場のあるタイヤメーカーへの営業を始めることとなりました。

未開の関東エリアからの大量受注

営業活動を始めると、九州担当の営業から報告が上がってきましたが、芳しい話ではありません。事前に聞いていた話と違って苦戦しているというのです。

室長もプロジェクトリーダーも、タイヤメーカーに営業に行けば簡単に話が進むと考えていました。会社設立に向けたタイヤ製造工場でのヒアリングを通じて新しいバルブは評判が高いことが分かっていたため、営業担当者にも、製品の特徴さえ伝わればすぐに受注になるだろうと伝えていたのです。

しかし、その前評判を信じて意気揚々とタイヤメーカーに営業しようとしても実際にはどこも相手にしてくれません。話すら聞いてもらえなかったのです。

理由は、それらのメーカーは父が起業直前に勤めていた会社から加硫機用バルブを仕入れていたためです。製品自体はとても高く評価されていましたが、加硫機用バルブに限らず、あらゆる設備の購入を決めるのは生産部門ではなく購買部です。父がいた会社は、以前に父が開発した加硫機用バルブを拡販し、すでに九州のタイヤ工場と取引を開始していました。

購買部と父が勤めていた会社の担当者同士の人間関係もできています。そのような事情で、私たちの会社は九州の工場から注文が取れなかったのです。九州地区のタイヤメーカーには、その後も粘り強く営業をかけ、現場のエンジニアなどと食事をするなどして購買への働きかけを試みたこともありましたが、参入障壁は予想以上に高く、私たちの新しいバルブ製品は地場である九州での普及に苦戦することとなってしまいました。

一方でその会社の商圏は九州に限られていましたので、東京や名古屋では取引実績も影響力もほとんどなく、営業提案がスムーズに進みました。その結果、あるタイヤメーカーがもつ関東の工場からバルブの大量受注を獲得することができたのです。受注量は1000個以上で、概算で2000万円くらいの受注でした。

その工場には200台以上の加硫機があります。また、加硫機には1台あたり20個以上のバルブが使われます。それらをすべて短期間で納品するわけではないのですが、最終納期が3月、1回目の納期は12月末という契約で注文を受けることとなったのです。

新たなバルブに白羽の矢

大量受注があった背景として、このとき、タイヤメーカーはたまたまタイミングよく工場内の改装工事を計画していました。加硫工程を刷新するプロジェクトも進行中で、その過程でシール性が高いバルブが必要だったのです。

もう少し詳しくいうと、このタイヤメーカーは温水加硫からガス加硫への変更を目指すプロジェクトを進行していました。ガス加硫に使うガス作りから取り組み、ガス加硫に変えるための設備の見直しや改良も進めていました。

ガス加硫への変更は業界の先駆けで、あらゆることが企業秘密です。加硫機メーカーにも状況が分からないようにするため、温水加硫用として加硫機を導入し、その後、自社のエンジニアリングチームがガス加硫に対応できるように改良していきます。

そのために使うピストンバルブはシール性が高いものでなければなりません。また、ほかのメーカーのピストンバルブは大きくて重いため、メンテナンスや交換のしやすさという観点でコンパクトなバルブを望んでいました。

さらに、タイヤメーカーは複数の工場をもっているため、まずは関東の工場でガス加硫の生産技術を確立し、その後は他工場にも展開しようと構想していました。そのためには、加硫機用バルブの仕様要求に細かく対応してくれるバルブメーカーが必要です。他社に技術が漏れないという点はもちろんのこと、タイヤメーカーにとって信頼でき、競争優位性を高めるための力となるバルブメーカーとつながりをつくりたいと考えていました。そのような背景があり、あらゆる要件を満たしている私たちの新しいバルブが採用されることになったのです。

全国からの注文

困ったのは私たちの現場です。受注はうれしいのですが、何しろようやく場所が決まったばかりで、工場には設備も何も準備できていないのです。

大急ぎで設備を注文して、工場内のレイアウトを考えます。設備を待つ間に図面作成を進め、並行して、鋳物の本体を作る協力会社の手配なども進めました。

混乱のなかでようやく生産体制が整った頃には、第一回の納期が1カ月以内に迫っていました。ここから猛ダッシュでバルブを完成させ、どうにか納期に間に合わせなければなりません。

生産現場では従業員が早朝から出社し、夜遅くまでバルブ作りに没頭しました。残業の毎日が続き、体力的に極限状態になりました。

それでも手が足りず、商社の営業担当者も応援に駆けつけます。室長もプロジェクトリーダーも時間をつくって現場を訪れ、完成したバルブのペンキ塗りなどを手伝います。ものづくり経験のない母もペンキ塗りをして、乾いたものから順に袋に入れ、出荷の手配をしました。

ようやく12月末の第一回の納品を終えましたが、残りはまだ数百個あります。休んでいる暇はありません。束の間の正月休みを取ると、再び現場でバルブ作りに取り組む日々を過ごしました。

バルブ製品も市丸技研も営業を始めたときは無名です。当初、タイヤメーカーには名の知れない会社が営業に来たと思われていました。

しかし、製品を見せると興味をもってくれます。従来のバルブとの違いや、耐久性が高いため生産性が上がり、コストが下がることなどを伝えると、まずはテストで使ってみたいという話になっていきます。加硫機用バルブを替えるのはタイヤメーカーとしては大きな判断です。そのため、何百回とテストをして、不具合がなかった場合にようやく注文となるのです。

高品質であることが評価され、難なくメーカーのテストを通ります。その結果、1カ月後にはテストが終了し、コストなどの具体的な商談に入ります。これまで使ってきたアメリカ製のバルブと比べて性能やコスト面などで優れていたことも私たちの製品の特徴でしたので、滞ることなく受注に至ります。

このような流れで、会社設立から半年も経たないうちに、関東や東海地区をはじめ、九州以外の地域から注文が入るようになったのです。

受注が増えた理由は、バルブの品質が良かったこと、競合がいないため提案しやすかったことなどが挙げられます。また、商社がもつ各地の営業所に近いところにタイヤ工場があり、営業しやすかったことも受注獲得につながった要因の一つでした。

九州では営業が難航したものの、全体を振り返れば運がいい立ち上がりだったといえます。ただし、製造に追われる生産現場の負担は大きく、ほぼ毎日のように朝から夜中まで働く日々となりました。また、翌年以降も注文は増えていき、創業の年から10年間、会社は正月休みを除いてフル稼働で注文に対応していくことになるのです。

筑後の不夜城

総動員でものづくりを続けてさっそく課題も見えました。自社工場が狭いことです。複数の工場から注文が来ますし、総動員で作りますのでスペースもありません。

そこで広い場所へ引っ越しする案が浮上します。室長たちが不動産を探し久留米から車で30分ほど離れた筑後に家具店の倉庫だった150坪の場所を見つけ、創業1年後の大晦日に工場を移転することとなったのです。

筑後市は、筑後平野の真ん中にある人口5万人ほどの町です。博多からは車でも電車でも1時間ほどですが、少し離れるだけでも景色はまったく異なり新工場の周りは180度畑でした。

夜になると辺り一帯は真っ暗になり、工場だけが不夜城のようにこうこうと明かりがともり、夜遅くまで操業していました。住宅街だと設備の騒音が迷惑になりますが、畑に囲まれた場所であったため夜遅くまで仕事をしても文句を言われることがなかったのです。

この頃の工場は、夜中の12時まで仕事をすることも珍しくありませんでした。注文が重なったときは休日返上で働く人もいました。

平日は、19時まで残業している人には菓子パンが2個出ていました。21時まで残業する人にはうどんやおにぎりが出ます。残業に明け暮れる従業員にとって夜食を一緒に食べる時間は束の間の休息でした。技術のこと、顧客のこと、課題について、設計について、雑談のような会話をしながら、会社と自分の成長について語り合うコミュニケーションの場になっていました。

納期遅延が続出

創業して見えたもう一つの課題は納期管理です。初受注となった関東の工場向けを皮切りに、注文は増え続けていきます。少しずつ従業員が増えていきますが、この頃はまだ総勢でも10人ほどで、部署のようなものはありませんでした。

父の設計に基づいて従業員が図面を描き、生産現場の従業員がバルブを組み立てますが、次々と納期が迫ってくるため手が空いている人があらゆる作業を手伝います。設計担当が組み立てをやり、組み立ての担当が材料の購買もやるなど、誰もが多能工となり、少数精鋭でマルチに動き回ることが求められました。

設計室には大きなドラフター（設計図を描くための製図台）があり、徹夜で作業をする人が仮眠を取るために部屋の隅にあるソファには毛布が置いてありました。生産現場の従業員も毎日夜遅くまで残業です。休み返上で組み立て作業に追われる人もいました。

それでも納期遅れが発生します。遅れが発生するたびに納品予定先に営業担当者が謝りに行き、納期の再調整にあたりました。生産体制が追いつかず、どうやっても物理的に作れないため、顧客には謝るしかありません。「2カ月後なら納品できます」「半年後まで待っていただけますか」といったお願いをして回ります。営業の担当者だけでなく、室長やプロジェクトリーダーも顧客対応に協力し、時には商社の社長が直々に謝りに行くこともありました。

納期を後ろにずらしてもらうための交渉はすでに創業1年目から始まっていました。また、遅れている製品については少しでも早く届けるため、福岡空港から羽田空港に航空便で送っていました。しかも、納期遅れは改善する様子がなく、注文が重なったときには毎日のように航空便を使っていました。

時にはメーカーの担当者が工場に、どれくらいのバルブが入手できそうか確認に来ることもありました。「これはいつまでにできる」「ここは来月中にはできそうだ」といったことを確認するわけです。

それくらいバルブは売れました。性能の面で唯一無二だったため、メーカーの需要が途切れることがなかったのです。

ボトルネックになった「こだわり」

納期が遅れる根本的な原因は生産量に対して注文が多かったことです。一方で、良くも悪くもですが仕事のやり方にも原因がありました。自分たちが作るバルブへの思いが強く、納期よりも質にこだわっていたのです。

例えば、バルブの本体は信頼できる鋳物の会社に頼んでいました。発注先を増やせば部品供給のスピードが上がります。この頃から中国の会社に頼むこともできたのですが、当時の中国製品の品質は良いとはいえず質を重視する会社方針(というよりは父の方針)により、納品を遅らせてでも技術力がある会社に頼んでいました。

また、納品された部品は工場内で組み立てますが、その際の溶接も自分で行いました。鋳物でできたバルブの本体には空洞が発生することがあります（「鋳巣《ちゅうす》」といいます）。特に既存のバルブよりコンパクトな設計でボディの肉厚が薄いため、小さな鋳巣でも気体が漏れる原因になりやすいのです。

鋳巣がある部品は返品して作り直してもらうこともできますが、そうするとさらに時間がかかります。すでに納期に追われている状況ではできるだけ早く組み立てる必要があるため、溶接して埋めたほうが早いと考えて、その作業を自分たちで行っていたのです。

また、品質に関する父のこだわりも遅延の原因でした。父は鉄工所で働いていたときから中途半端な製品は出さないと決めていました。納期遅れは一時的な問題ですが、性能や品質の問題は顧客に迷惑がかかり、信頼を損ねることにつながる長期的な問題になると考えていたのです。

そのため、例えば、バルブボディにフランジを溶接する作業や、バルブシート部にステンレスなどを肉盛溶接する作業は父が一人で行っていました。分担して組み立てれば早く作れますが、いかにうまく溶接するかによってバルブの品質が変わります。その作業を自分が最初から最後までやることにこだわったため、この作業がボトルネックとなって納期が遅れたのです。

周囲からは、溶接の技術者を雇ったらどうかと何度も提案がありました。しかし、この作業は自分にしかできない、肉盛溶接ができる人は自分しかいないと譲らず、自分でやることにこだわり毎晩遅くまで作業を続けます。営業担当者は細かな技術のことは分かりませんので、父が「自分にしかできない」と言うなら、そうなのだろうと思って任せるしかなかったのです。

バルブの品質維持という点で、溶接が大事な作業であることは間違いないのですが、もちろん本人しかできないわけではありません。実際、数年後に入社した従業員は溶接担当となり、活躍してくれました（父よりうまかったのではないか、という人もいます）。さらに近年ではフランジ溶接ロボットを導入しています。

おそらく父は自分で溶接することによって品質の高さを守りたかったのだと思います。また溶接は無心で作業できますので、この集中力が高まっている作業時間を使いながら、私たちのバルブのさらなる進化につながる次のアイデアを練っていたのではないかとも想像します。

ものづくりに集中できる環境

遅延があっても、商社の営業担当者は生産現場を急かすことはしませんでした。品質の良さが売りの一つでもあったため、急かすことによって質が下がることを心配したのか、または、急かしたところでどうにかなるものではない、と達観していた可能性もあります。

いずれにしても営業担当者が顧客との納期調整をしてくれたため、生産現場の従業員たちは急かされることなくものづくりに集中することができました。膨大な注文で混乱した創業時の会社は、このような商社の気配りがなければ成り立たなかったでしょうし、納期調整を通じて営業の面々がこのバルブの黎明期を支えたともいえます。当時の会社はものづくり以外のことには関心が低く、また生産現場も忙しく関心をもつ余裕もなかったため、材料調達にかかる費用の計算、財務管理、求人の手配なども商社に任せました。

納期遅延については、何も手を打つことなく放っておいたわけではありません。ただ、注文状況や注文に基づく業績予測の可視化に取り組んだこともありましたが、この時の工場は商談管理型ではなく受注対応型であり、半年先の状況さえ見えないような状況だったため、売上の見込みは刻一刻と変わりました。

この状況をどうにかしなければ生産計画が立てられません。バルブは鋳造から納品まで3カ月くらいかかるため、それくらいの期間で計画を立てようとするのですが、新たな注文が入ってくるため計画が狂います。

納期が変わればその都度顧客に迷惑がかかり、いくら製品が良くても顧客を待たせ続ければ不満要因にもなってしまいます。協力工場にもきついスケジュールでものづくりをしてもらうことになり、負担が大きくなるのです。

そこで考えたのが顧客からの情報収集を強化することです。具体的には、タイヤ工場の新設や増設などの改造計画を早期に把握することに取り組みました。小口の注文は受注から3カ月以内の納品を目指しつつ、工場全体の生産状況に大きく影響する大口の注文をタイヤメーカーの動向から予測することにより、長期の生産計画を立てられるようにし、大幅な納期遅れが起きないような体制に変えたのです。

ただ、このような手を講じても、納期遅延はなかなか減りません。結局創業から3年間は納期交渉のために頭を下げにいく状態が続いたのです。

こだわりへの理解

創業から間もなくして注文が殺到し、ほかに例を見ないほどの快調な滑り出しを実現できた理由の一つとして、顧客であるタイヤメーカーの理解が深かったことも挙げられます。理解というよりは懐が深かったというほうが正しいともいえます。

納期遅延が続くなかでも、タイヤメーカーは納品を待ってくれましたし、次の注文も途切れることなく出してくれました。その点で私たちのバルブは顧客に育てられたともいえます。

納期調整の相談は顧客にとって困った問題だったはずです。しかし、文句を言っても納期が早まるわけではありません。他メーカーの加硫機用バルブはありますが、それでは自社の課題が解決できません。そのように考えて、おそらく待つしかないと納得してくれるようになったのだと思います。

笑い話の一つとして、営業担当者が納期調整に出向いたときに、あるタイヤメーカーの担当者から「社長はまだ現場に出ているの？」と聞かれたことがあるそうです。遅延の原因の一つが父の品質へのこだわりにあると周知されていたため、もし社長が現場に出ず作業をしなければ納期が早くなるのではないか、という意味を込めたジョークです。

このような対応ができるところに顧客の懐の深さを感じますし、本当に顧客に恵まれていたのだと感じます。

質、コスト、メンテナンスの課題を解消

顧客がバルブの納品を待ってくれたのは、待つだけのメリットがあると評価されたからだと思います。他メーカーの加硫機用バルブと比べて私たちのバルブは耐久性があり、加硫のための気体が漏れることも少ないため、長く使えます。

シール部などの摩耗する箇所の部品は定期的に交換しますが、その程度の作業であればメーカー自らできますし、補修や交換の手間が少なく済みます。規模にもよりますが、工場には100台以上の加硫機があるため、いくつもあるバルブの修理や交換などのメンテナンス作業が減ることはタイヤメーカーには大きなメリットになるのです。

品質と納期はトレードオフの関係で、つまり質にこだわるほど納期は遅くなり、納期を優先すると質が落ちるという関係性がありますが、顧客は質を重視していました。私たちも品質に目を光らせ、現場では従業員たちが「絶対に不良品を出さない」という気概でものづくりに取り組んでいました。

品質へのこだわりは納期遅れを正当化できる理由とはなりませんが、納期か品質かという選択において、顧客と私たちの考え方が合致していたことも私たちのバルブが支持された大きな理由だと思います。

顧客が納品を待ってくれたもう一つの大きな理由は、私たちが常に改善を求め、バルブを進化させようと取り組む姿勢が評価されたことです。私たちの会社は世の中にない加硫機用バルブを作り出すことによって一歩目を踏み出しましたが、ゼロからイチを生み出す開発よりも、1を10や100にする開発が得意です。私たちのバルブも、世の中になかったバルブという点ではゼロイチですが、実際には既存のバルブの課題を解消することによって生まれています。

コストを例にすると、バルブを基本設計から見直し、同じ機能をもたせつつ、コンパクトで軽量なバルブに設計し直します。メンテナンス作業に関しても、部品のねじ込み構造をなくし、分解組み立てしやすい設計を考えます。

そもそも加硫機用バルブはほとんど改良されることがなく、長いこと発展がありませんでした。

そこに風穴を開けたのが私たちのバルブ製品です。顧客はその着眼点と発想力を高く評価し、また、もっと便利で、もっと使いやすいバルブに進化させてくれるのではないかと私たちに期待し、バルブを使うことによって自分たちの加硫工程そのものを刷新できるのではないかと期待していたのです。

顧客の課題を常に聞く

生産現場で必死のものづくりが続くなか、私たちのバルブは細かな進化を繰り返していきます。改良のヒントを探すために技術者たちはタイヤ工場によく足を運び、加硫機や従業員が作業する様子を見たり、その過程で「使いにくい」「交換しづらい」といった意見を聞いたりしながら改良に反映させていきました。

例えば、あるメーカーからはシール材の変更を依頼されます。創業当時のバルブにはシール材としてＰＴＦＥを使用していましたが、高温環境での圧縮強度の高いほかの樹脂素材の情報を集め、試行錯誤を重ねながら現在のカーボン繊維入りＰＴＦＥにたどり着きました。

顧客の工場で働く従業員などから課題を聞いたり相談を受けたりしたときに、できるだけ早く解決策を提示することも大事にしていました。

例えば、「この部分がうまく動かない」といった声を聞くと、まずはその場で考えられる原因を推察し、解決策の案を提示します。「ここに問題があるのではないか」「その場合は、こうすれば直せる」といった答えを出すわけです。

技術者たちは加硫工程や加硫機の構造を熱心に研究しています。加硫機やバルブの図面が頭のなかに入っているため、第六感を働かせるようにして不具合の原因がイメージできるのです。

解決を依頼された場合は会社に持ち帰り、図面と向き合いながら解決策を考えます。時には難しい課題もあり、レベルが高い改良を求められることもあります。しかし、そういうときでも必ず1週間以内には解決策を提案します。その方法で解決しなければ次の提案をします。

後進の技術者にも、「ダメでもいいから提案をもっていくように」と父は伝えていました。常に相手に寄り添い、解決するまで伴走することが、信頼獲得につながるのだと教えていたのです。

顧客とのコミュニケーションが改良につながった例を一つ挙げると、あるメーカーから「ピストンが動いているかどうか見えるようにしてほしい」と言われ、ピストンと連動する棒をバルブから出す構造に変えたことがあります。棒が上がっているか下がっているかを見ることでバルブ内で動いているピストンの状態が分かるようにしたわけです。

小さな改良ですが顧客には喜ばれました。このような小さな要望や課題を聞き漏らさず、一つひとつ丁寧に答えていくことで、顧客の信頼が高まり、次も相談してみようと思ってもらえるのです。

改良を重ねて進化する

顧客から信頼されるようになると、より多くの相談を受けるようになります。顧客の生産現場に行ったときに呼び止められ、課題について相談を受けるなど、顧客とコミュニケーションする頻度が増えます。課題を知ることは改良のヒントをもらうことにつながりますので、より多くの声を聞き、バルブの改善も進むという良いサイクルが生まれていきました。

少しあとの話になりますが、パネル型のバルブ製品も、もともとはタイヤメーカーの要望から生まれたものでした。パネル型は私たちのバルブ製品シリーズのヒット商品の一つで、一本のパイプから複数本のパイプが分岐するマニホールド式の配管とし、配管やバルブ全体を保温ボックスで覆うことができる構造になっている点が特長です。そうすることにより、脱着が容易なパネル型バルブが一カ所に集まり、メンテナンス作業が容易になります。配管をコンパクト化して覆うことによって、配管やバルブからの放熱を抑えることができ、保温ボックスとなって省エネに貢献します。

顧客の製造ライン担当者と議論をしながら、まずは試作品を作りました。試作品を現場のエンジニアや作業者に見てもらい、大きさが想定より大きい、重くて運びづらいといった指摘を受けて、要望どおりのパネル型を作り上げました。

生産現場の声のヒアリングや課題解決のための議論は、一般的には営業の担当者が顧客の課題を聞いたり、相談を受けたりして、その内容を技術者に取り次ぐことが多いと思います。しかし、加硫機用バルブに関してはタイヤメーカーのエンジニアから直接技術担当者に電話がかかってくることが多く、その都度、顧客から電話越しに話を聞き、議論し、アイデアやアドバイスを提供していました。新規の依頼や仕事にならないような相談でも、解決策を図面に描いてタイヤメーカーのエンジニアに渡していました。このようなやり取りを通じて、顧客、特に生産現場からの信頼はさらに高くなっていったのです。

第3章

初の海外展示会で認められた圧倒的な耐久性

"バルブ先進国"の欧米市場を開拓

売れ続ける裏で受注残が増加

関東の工場からの初受注から始まった私たちのバルブの快進撃は、名古屋、広島などへと広がりました。このバルブの強みは加硫に使う気体の漏れに強い点で、この頃から各メーカーがガス（主に窒素）を用いる加硫を始めたことで、既存のピストンバルブの代わりとして私たちのバルブが幅広く採用されていくこととなったのです。

また、自動車業界も引き続き好調だったことからタイヤの需要も伸びていました。各メーカーの工場では増産ラッシュとなり、加硫機の導入台数と比例するようにして私たちのバルブが飛ぶように売れていきます。

一方で、自社工場では残業が続き、受注残が増えていきました。特に忙しくなるのはお盆前と年末です。お盆と年末年始はタイヤ工場の稼動が止まるため、各タイヤメーカーはこの期間を使って部品の交換やメンテナンスを行います。そのタイミングに合わせて加硫機用バルブが必要になるため、年に2回のこの時期に納期が集中するのです。

ある年は、大晦日にできたばかりのバルブをトラックに積み込み、大阪まで持っていったことがありました。バルブを航空便で届けるために空港まで持っていくこともしょっちゅうでした。

こうした事態に対応するため、従業員の増員を図りました。創業から10年目くらいまでは10数名で対応してきましたが、注文量に応じて人を増やし、タイヤ製造機器や高圧油圧機器を担当する従業員と合わせて多いときで最大100人規模になりました。

顧客の現場を見て課題を知る

人が増えると、従業員一人あたりの作業量が少し軽くなります。また、加硫機は数年に1回くらいの頻度で需要が増えますが、残りの期間は少し落ち着くため、この期間も作業量が減ります。残業がなくなることはありませんでしたが、たまに早く帰ったり、納期を調整して社員旅行をしたりするくらいの余裕もできました。

時間の余裕ができると従業員同士のコミュニケーションも増えます。その機会を通じて、中堅の技術者たちはお互いが感じている技術的な課題について話し合ったり、新人には設計や組み立ての方法を教えたりしながら、会社全体の技術レベルが向上していきました。

会社が技術者たちに示した方針の一つは、積極的に顧客の現場を訪れて、自分の目で見て、自分の耳で聞く姿勢をもつことです。

設計を例にすると、ほとんどの新人はドラフターやＣＡＤに張り付いて図面を描くことが仕事だと考えます。もちろん仕事の成果物として設計図を描くことは大事ですし、そのための教育として、設計図の描き方や機材の使い方はＯＪＴで先輩従業員が一から教えます。

しかし、頭のなかだけで考えた製品が必ずしも顧客の現場の課題解決に結びつくわけではありません。どうすれば現場がラクになるか、現場が真に求めていることはなんなのかといったことは、顧客の現場に足を運び、担当者と信頼関係を築いていくことで、ようやく見えてくるものなのです。

この考え方を浸透させるため、仕事が一段落した設計担当には顧客のところに行くように指示していました。顧客の現場に出向いて仕事を取ることが目的ではありません。顧客から話を聞くことで新たな課題が聞ける可能性があります。顔を見せることで人間関係もできていきます。そういう意識をもって行動することを求めたのです。

また、顧客のところに行けば社内にはない大型の機械について学ぶことができます。加硫機のみならずタイヤの製造に必要な設備や工程全体について、より大きな視点で見ることができます。

私たちは主に加硫機に関連した仕事をしていますが、タイヤの製造工程全体のなかでは、加硫はごく一部です。加硫以外の工程を知り、どんな設備が使われているのか、その設備はどんな構造で、どんな作業が発生しているのかを知ることで、改良できそうな課題も見えやすくなります。顧客の現場に足を運ぶことで、顧客に依頼された改良を行うだけでなく、顧客が気づいていない課題を見つけ、改良の方法を提案できるようになるのです。

視野を広げて技術を磨く

技術者たちに求めた二つ目の要素は、あらゆることを自主的に学ぶことです。設計は設計だけ、組み立ては組み立てだけを行う分業の考え方ではなく、自分の担当業務以外のことにも目を向けて、多能な技術者となる必要があります。常に人手不足が続いていた状況では、彼らに多能であることを求めざるを得ないという事情もありました。

自分の担当業務だけにとらわれず、できることをなんでもやる方針は、若い人たちに影響を与え、彼らの姿勢を変えました。例えば、ある設計担当者はＮＣ旋盤の使い方の勉強を始めました。NC旋盤の使い方と設計の仕事は直接的には関係ありませんが、彼はその技術を自主的に身につけようと考えたのです。

材料の購買を効率化するために、パソコンを買って学び始める技術者もいました。当時はパソコン類をほとんど使っていなかったため、その分野に関して教えられる人がいません。そのため、独学で学び、仕事に役立てようと考えたのです。

従業員が主体的に学び多能になるほど、少人数でも多様な注文に対応できるようになります。また、担当業務以外の仕事を理解することにより、自分が関わっている仕事、その仕事によって解決できる課題、喜んでくれる人たちのことをより広い目で見ることができます。組み立てや加工に関われば機械に詳しくなり、製造工程や加工方法を知ることにより「こういうバルブのほうが作りやすいのではないか」「この部分を変えたらメンテナンスしやすくなるのではないか」といったアイデアが浮かびやすくなり、それが業務改善のアイデアにつながることもあります。他部署の業務内容の理解が深まり、互いの苦労や苦悩を理解することによってチームワークも良くなるのです。

設計者を育てる仕組みづくり

自主性という点では、仕事を教わり、覚えるだけでなく、自分で考えることも重視しました。技術を学んでいく過程では経験がある人からの指導やアドバイスが必要です。その際に大事なのは、ただ質問して教わるのではなく、まずは自分で考え、「こういう設計はどうか」「この点を改良したら良いのではないか」といった自分なりの意見をもって、そのうえでアドバイスを求める姿勢をもつこと、また、そのようなやり取りを技術者育成のやり取りのなかで定着させていくことです。

私たちのバルブの特徴は、顧客の課題を解決する製品として進化を続けてきたことです。課題解決の糸口としては、顧客から「ここを直してほしい」と依頼される場合もありますが、こちらから解決策を考え、顧客が認知していない課題まで見つけ出し、その解決策を提案することもあります。自分で考える力がなければ提案はできません。顧客発信の課題を解決するだけでは片手落ちで、バルブの進化も遅くなりますし、そのほかのバルブ開発にもつながっていきません。

そうならないために、まずは自分なりに精一杯考える癖をつけることが大事です。完璧な解決策でなくても良いので、こういう課題がありそうだ、この方法で改良すれば解決できるはず、といった自分なりのストーリーを思い描き、仮説に基づく提案を考えることが重要なのです。

自分で考える力を磨く機会として、社内では若い設計担当者が新製品のアイデアを出す会議を始めました。設計担当者たちが自由な発想で図面を描き、その中身や発想について評価する会議です。

これは設計の良し悪しについて実践的に学ぶ場となりました。また、良いアイデアは実際に採用し、試作品を作って検証するため、設計担当者としてのモチベーションが高まる会議でもありました。

会議で出てくるアイデアの評価基準は実現性があるかどうかです。どんな図面を描くかは個人の自由ですし、若い人たちの柔軟な発想に期待もありました。しかし、製品化や事業化の視点で見ると非現実的なアイデアや突拍子もないアイデアは世の中では通用しませんので、そのようなアイデアはたとえ斬新だったとしても、面白かったとしても評価されません。アイデアを事業に結びつけていくためには、図面で見て確実に作れると判断できるものであることが大事なのです。

斬新で奇抜なだけのアイデアでは製品になりませんし、逆に無難過ぎるアイデアも採用されません。そのような評価を受けながら、技術者たちは設計の良し悪しを感覚的に学び、力を磨き育っていったのです。

見えてきた世界展開

私たちのバルブ製品の国内需要が高まっていくと、自ずとその先に海外展開が見えてきました。そのための体制もありました。拡販を担っている商社にはもともと海外市場向けの営業をする貿易部があり、既存のバルブ製品のほか、韓国や台湾の製鉄所に向けた製品を輸出販売していたのです。

貿易部は当時、業績が頭打ちでした。年にいくつかの取引があるだけで、貿易事業を後押しするだけの力はありません。そのような状況が何年も続き、商社の社内では貿易部をどうするか、海外展開をやめたほうがいいのではないかといった意見も出ていました。

私たちとしては、勝算がありました。自動車が世界共通の乗り物で、タイヤの需要も世界中にあり、タイヤの製造工程も、メーカーによって多少の差はあったとしても加硫機を使う点は同じですので、そのような共通項があるなら国内のタイヤメーカーで評価されている私たちのバルブが世界のタイヤメーカーに評価される可能性も十分に考えられます。また、海外メーカーとの取引が難しかったとしても、日本のタイヤメーカーがすでに海外に工場をもっていますので、そこで需要をつかめる可能性があります。

そのような状況のなかで私たちのバルブが売れ始めます。国内で高く評価されている加硫機用バルブなら、おそらく世界でも通用します。バルブの輸出を手掛けることは商社にとっても世界事業を発展させるための足がかりになるのではないかという話になったのです。

勝算という点でもう一つ重要だったのは、世界的に見ても加硫機用バルブのメーカーは競合が少ないことです。アメリカには加硫機用バルブの大手メーカーがありましたが、当時は中小メーカーがほんの少しあっただけですし、ニッチな市場ですので新規参入する会社もほとんどありません。

そのような点を踏まえて、ドイツで行われるハノーバーメッセという国際見本市への出展を検討しました。日本を代表する加硫機用バルブとして欧州の自動車関連会社に私たちのバルブ製品をお披露目しようと考えたのです。

突然届いたドイツからの手紙

ドイツの見本市での出展を決めたのとほぼ同じ頃、私たちのバルブの未来を変えるくらい大きな出来事が起きます。加硫機用バルブをはじめタイヤメーカー向けの設備や部品を取り扱っているドイツの会社の社長から「うちで取り扱いたい」という内容の手紙が届いたのです。

差出人は、かつてアメリカ製の加硫機用バルブの営業をしており、その経験を経て、現在はドイツを拠点に欧州各国にアメリカ製バルブを販売する代理店の社長となっていました。また、販売代理店であると同時に自社で工場をもち、自社製品であるエア機器を作るメーカーでもあったため、販売と製造の両面でさらなる発展を目的として、欧州での私たちのバルブの総代理店として契約したいと考えていたのです。

願ってもいなかった機会です。当初の計画として、私たちは見本市をきっかけにして欧州市場に私たちのバルブ製品を広めていくつもりでした。しかし、現地に代理店がいれば拡販のスピードが上がります。

しかも、すでに加硫機用バルブの代理店をしているのであれば、現地のタイヤメーカーや加硫機メーカーとのつながりをもっています。加硫機用バルブやタイヤメーカーが求めることについての知識もありますし、バルブの技術的な特性を踏まえたうえで顧客に提案できます。つまり販売網と営業網と販売体制がすでに構築されているため、私たちとすればそこに製品を投入すれば良いのです。

そう考えて、私たちはさっそく返事を書きました。ドイツの見本市に出展する予定があるので、そのときに会って私たちのバルブを見てほしいと手紙で伝えたのです。

1981年、担当者がドイツに行き、手紙の主である社長と面会し、それからしばらくしたあと、社長が来日して筑後にある私たちの工場を見学にきました。

工場を訪れた社長には、バルブの構造、使用している部品、その理由などを説明しました。社長はその説明を聞いて高度な技術とノウハウに感心していました。欧州のタイヤメーカー市場を熟知し、加硫機用バルブについても深く理解している社長が、私たちのバルブの技術に驚いたのです。

訪問時の説明会では社長向けに私たちのバルブの構造や技術について説明しました。その後の夕食会に社内の技術者たちも加わり、そこで話題となったのは日本と欧州における加硫機用バルブ市場の可能性、バルブの進化の可能性、タイヤメーカーに向けたサービス改善の必要性、加硫機用バルブの今後の展望についてなどです。

対面してから数時間も経たないうちに、すでに社長との間に絆が生まれつつあり、社長は真摯にものづくりに向き合い技術を高め続けようと取り組む私たちの姿勢と意欲に感銘を受けていました。販売代理店であると同時に、自社製品の製造も手掛けるものづくり企業の側面をもっていたことも絆が生まれた理由の一つでした。

また、互いに中小規模の会社であること、創業年が近く成長意欲が高いこと、加硫機用バルブというニッチな市場に魅力を感じていることなども意気投合した理由として考えられます。

このような経緯があり、欧州での総合販売代理店を任せる契約はとんとん拍子に進みました。起業して5年も経たないうちに私たちのバルブは世界で認知される道を歩み始めたのです。

海外でも認められた品質

実際に加硫機用バルブを見てもらい、また、ものづくりに取り組む私たちの考え方や姿勢を知ってもらうことで、私たちのバルブはお墨付きとなりました。代理店の社長によれば、現時点ではデザイン、機能、素材の選定まで含めて完璧であり、すぐにでも市場に投入できる状態です。

お互いに決して大きな会社ではありません。ただ、それぞれに強みがあります。社長はこのバルブを展開する欧州の市場を知っていますし販路ももっています。私たちには海外のメーカーには作れない技術があります。この出会いは私たちのバルブの海外展開を果たしていくための最強の組み合わせだったといえます。

間もなくして欧州で初となるタイヤメーカーでの導入が決まります。導入したのはグローバル展開するタイヤメーカーのドイツ工場で、まずは1年間テストするために20個ほどを無償提供し、品質などに問題がなければ次の設備投資のタイミングで導入を検討してもらえることとなりました。

テストでの評価に関しては代理店も私たちも自信をもっていました。そして、想定どおりにテストを難なく通過したのです。

それだけにとどまりません。代理店の販売網と営業網は想像以上に強く、各工場で使用していたアメリカ製の加硫機用バルブからの置き換えとして、続々と導入が決まっていったのです。

海外で高く評価された理由は私たちのバルブが漏れに強く耐久性があり、コンパクトな作りでメンテナンスの手間がかからないことで、国内の工場で評価されていた点と同じです。つまり私たちのバルブは世界展開する時点ですでに世界で通用する品質に達していたのです。

課題解決型の営業

サービス面では、顧客であるタイヤメーカーの細かな要求にすべて応えたことも重要な点でした。この部分は代理店との二人三脚で対応しました。

代理店は顧客と長い付き合いがあり、密にコミュニケーションを取っているため、課題や要求を聞き出す力があります。例えば、あるタイヤメーカーが独自の接続方式のバルブを自社で設計製作していましたが品質に問題があり、難航していたタイミングで私たちのバルブに着目し、独自の接続方式に対応したバルブを開発してほしいという依頼がありました。その情報を伝えてもらい、社内では父が中心となりすぐに解決策を考え、顧客の要求を満たす特殊仕様のバルブを作ることによって取引がスタートすることになります。

代理店の営業方針は、顧客からの信頼を大事にすることです。そのために常に顧客の声を聞き、課題や要求に応じた製品を作ります。この点は私たちのバルブが国内で顧客を増やしてきた理由ととてもよく似ています。代理店と私たちの間には、ものづくりに対する熱意や事業拡大に向けた意欲のほかに、顧客の課題解決型であるという共通点もあったのです。

代理店によるメンテナンス対応の体制が整っていたことも海外で私たちのバルブが評価された要因です。現地には製品サポートを行う部隊がいませんので、顧客向けのメンテナンスやアフターサービスは現地の代理店に任せるしかありません。

その点、自社工場があり修理などに対応するエンジニアと技術力がある代理店であるため、顧客から注文を取るだけではなく、アフターサービスにもすばやく対応できます。このような体制を構築したことによって私たちのバルブはサービスの面でも満足度を高めることとなったのです。

グローバル市場での拡販

欧州でバルブの普及が進むにつれて、父がドイツやアメリカで行われる展示会などに行く機会も増えていきました。外の世界を見ることは大事です。代理店が開拓した海外の顧客が私たちのバルブをベタ褒めしてくれたり、自分たちが生み出したバルブが世界の現場で使われている様子を見たりすることで、技術者は自分たちの製品と技術を誇らしく感じ、それがモチベーション向上にもつながっていきました。

その後、欧州を飛び出し、ほかの地域でも導入されるようになります。欧州での市場開拓が一段落すると、この代理店はアフリカで最初の販売代理店となり、現地の工場に普及させていきます。さらに、１９８７年には北米と中南米での販売権をもち、さらに拡販を推進していったのです。

このときはまだ私たちのバルブの特徴を説明するパンフレットなどの資料がありませんでした。そこで代理店が英語やそのほかの言語の資料を作り、各国の工場に配布して回ったのでした。

海外展開していくうえでは、日本のタイヤメーカーが海外に事業展開していくタイミングと重なったことも追い風になりました。欧州では、現地の大手タイヤメーカーを日本のタイヤメーカーが買収し、欧州工場が増えました。それらの工場にも私たちのバルブが導入され、ドイツを入り口としてイギリス、フランスへと拡大していきました。

海外展開して間もなくして、アメリカでも日本のタイヤメーカーが現地に工場を作ります。その際に、現地の工場で使用している既存の加硫機用バルブを置き換えたり、工場の新設時に新しく導入したりするなどして、タイヤメーカーの事業拡張に伴って私たちのバルブの導入も進んだのです。

父はアメリカ出張の際にそのうちの一つの工場を見学したことがあります。1990

年後半に新設されたその工場では日本製の加硫機が200台ほど設置され、その1台1台に私たちのバルブが取り付けられていました。

タイヤメーカーにとって工場内部は企業秘密の宝庫のようなものですので、なにか具体的な案件がなければ工場内部に入ることはできません。しかし、このときの工場長と父は旧知の仲で、加硫機の改良を通じて信頼関係ができていました。そこで工場長は特別に父を工場内に招き入れました。

加硫機は縦横数メートルずつある大きな機械です。それが200台も並んでいる様子は壮観だったことと思います。

バルブの海外展開は、会社の発展につながっただけでなく、海外展開の重要なパートナーとなった代理店や、起業時から出資関係にある商社の発展にもつながりました。

起業時を振り返ると、そのときの商社は経営目標として鉄鋼業界向けの仕事に次ぐ新しい事業の柱をつくることと、売上100億円企業となることを掲げており、これらの目標は海外展開によって大きく前進します。

私たちのバルブは輸出製品群の核となり、鉄鋼と同規模の売上を生むようになりました。また、鉄鋼の仕事は設備投資の波があり、設備投資や増産で沸いていた高度経済成長期の頃と比べて売上額が頭打ちになりつつあった一方、バルブは国内外で安定した売上を生み、商社の成長に大きく貢献することとなったのです。

海外展開のきっかけ

欧州からアメリカへと広がっていった海外展開は、そもそもはドイツの代理店から「あなたたちが作るバルブ製品を取り扱いたい」という手紙が届いたことから始まりました。不思議なのは、縁もゆかりもなかったドイツの会社が私たちのバルブの存在を知っていたことです。

このときには国内のタイヤメーカーでは知られる存在となっていましたが、ニッチな製品ですので業界関係者以外には知られていません。そんなニッチな存在がはるか遠くドイツの地にまで届いていたのには、理由があります。

加硫機用バルブには年によって需要の波があるため、需要が少し落ち着いたのを機に、加硫機以外の設備や異業種向けのバルブを少しずつ作り始めていました。その一つに、静岡県にあるレコードプレス工場向けのバルブがありました。

レコードは円い樹脂に溝をつけるために蒸気を使ってプレスします。その工程で使うピストンバルブを作っていたのです。

当時のレコードプレス用のピストンバルブは性能があまり良くなく、加熱と冷却の熱サイクルに負けてバルブボディにヒビが入ったり割れたりすることがありました。その点を改良するため、プレス工場での使い方や使用環境などについて話を聞き、ステンレスのカーボン量を変えることによって耐久性を高めました。バルブの改良は部品などの構造や形状を考えるだけでなく、顧客の課題に応じて材料探しから始めます。その結果、耐久性があり寿命が長いプレス機用のバルブを作り出したのでした。

その工場はオランダのメーカーと提携していました。そのため、静岡県の工場に納めたレコードプレス用のバルブが海外でも使われるようになり、ドイツのハノーバーにあるプレス工場もオランダからプレス機を輸入し、使っていました。

ある日、ハノーバーのプレス工場の工場長がドイツの代理店の社長に電話をかけます。工場長は寿命が長いバルブを気に入ったのですが、バルブには作り手の住所や電話番号などがなく、販売元であるオランダの会社に問い合わせても分からないと言います。当時はインターネットがない時代です。唯一のヒントはバルブの本体にある「ICHIMARU」の鋳物出し文字だけです。そこで工場長はバルブに詳しい代理店の社長に探し方を相談したのです。

相談を受けた社長は刻印されていた「ICHIMARU」は日本語だろうと見当をつけ、どうか届くようにと願う気持ちで日本に手紙を送ったと言います。その後の詳しい経緯は定かではありませんが、巡り巡って販売元の商社に届き、私の会社に届いたのです。

このことから分かるのは、私たちのバルブの海外展開を目指す前から、私たちが作ったバルブはその性能が評価され、一足先に海外で使われ始めていたということです。プレス機用のバルブを作っていなかったとしたら、ドイツの会社との縁はありませんでした。工場長が「ICHIMARU」の刻印について社長に相談していなければ、また、相談したとしても販売元の商社を突き止められなかったとしたら、やはり縁は生まれず、世界展開は難航していたと思います。

そう考えると、私たちのバルブは幸運に恵まれていたといえますし、偶然や縁など不思議な力に後押しされながら、世界に出るべくして出た製品だとも思うのです。

第4章

主力製品の品質改良、製品ラインナップの拡大

世界トップシェアの座をつかみ、さらなる「攻め」の戦略を立てる

世界トップシェアを実現

1980年代後半の日本は世界経済を席巻する勢いがありました。私はその当時の出来事を実体験としては知りませんが、国内では株価と不動産価格が急騰し、海外では「ジャパンマネー」を武器に日本企業が多くの資産を買い集めました。

ところが、1990年に入ると日本経済は急に勢いを失います。まさかこのときは、これから30年もの不況が続くとは誰も想像していなかったと思います。

1989年末に3万8915円まで上がった日経平均株価は、わずか1年後の1990年末には3分の2になります。土地の価格も急落し、バブル経済の熱のなかで不動産投資を始めた企業は業績悪化と投資資産の下落という二重苦を抱えることとなったのです。

国内企業の経営状況を見てみると、バブル期以前の倒産件数のピークは1983年度の2万9661件でした。その後、バブル崩壊直前の1989年度は8659件とピークの3分の1以下まで減りますが、翌年度は9172件、その翌年は1万3578件と増えていきます。日本の企業の99%以上は中小企業であることを考えると、体力のない企業にとってバブル経済の崩壊は大きな試練だったといえます。

一方で、筑後の中小企業である私たちの会社は、世界のタイヤ市場が堅調で設備投資が継続していたこともあり、バブル崩壊の影響に苦しむことなく生産と拡販に取り組んでいました。

私たちのバルブは加硫機用バルブのなかでは品質がトップクラスです。かつて業界標準だったアメリカ製の加硫機用バルブより小型かつ軽量で、価格の面でも優位性があったため、その点が国内外のタイヤメーカーに評価されていました。

加硫機用バルブのメーカーが少ない国内では着々とタイヤメーカーの導入率が伸び、やがて加硫機用バルブのなかでは国内シェア9割を超えるまでになります。競合が多い海外でも欧州やアメリカのほか、のちにアジアのタイヤ製造の拠点となる中国、インド、東南アジアで販路を拡大し、世界の加硫機用バルブのなかで3割近いシェアを占めることになるのです。

安価な類似品がシェアを侵食

順調に販路と売上を伸ばしていましたが、課題もありました。その一つは類似製品が出回り始めたことです。

私たちのバルブはシンプルな構造で、そこが顧客からメンテナンスしやすいと評価される強みの一つですが、見方を変えるとシンプルであるため競合に真似されやすいという弱みでもあります。また、バブル経済の崩壊後は日本企業の力と存在感が弱まり、一方では新興国の筆頭として中国とインドが力をつけ始めました。

この頃からメーカーでは外資系企業による技術者の引き抜きが増えていきます。その潮流のなかで、加硫機用バルブのグローバルスタンダードとなりつつあった私たちのバルブを真似た図面を描き、現地で安く調達できる材料を使いながら類似製品を作るメーカーが世界各地で現れたのです。

品質を比べれば私たちのバルブのほうが上です。耐久性も寿命も違いますので生産性や効率に差が出ます。

また、顧客の要求に対する細かな対応力にも差があります。タイヤの生産現場は国や工場によって条件が異なり、そもそも熱と圧力がかかり続ける過酷な環境で使われるため、想定外の現象やトラブルが生じます。私たちはそのような情報を細かく収集し、顧客に寄り添いながらさまざまな困りごとに技術対応します。類似品のメーカーは模したバルブを安く提供することはできますが、そのような小回りが利く対応は困難なのです。

国内のタイヤメーカーはそのことが分かっていますので、現地の工場にも類似品を使わないようにと指示を出していました。しかし、海外のメーカーは違います。部品を発注する担当者は必要な設備をいかに安く買いそろえるかが仕事ですから、価格メリットがあれば類似品も一定の需要を獲得します。「長持ちしてもしなくても自分には特に関係ない」「安く買えればいい」と考える人が一定数いるため、徐々に、しかし着実に私たちのバルブはシェアを侵食されるようになるのです。

現場目線で配管ユニット（RPU）を開発

この状況を打破するため、私たちは新しいコンセプトのバルブ開発を始めることにしました。類似品を止めようとしても止まりません。安さ目当てで買う会社もあります。バルブに限ったことではありませんが、良いものは真似される運命にあります。それは仕方がないことなのだと割り切ることにして、他社が真似できない製品を新たに作ることにしたのです。

その結果として生まれたのが、私たちのバルブの配管ユニット（RPU）です。新規に開発した私たち独自のパネル接続式バルブと、主に鋳造で作られた配管に相当するマニホールドを組み合わせたものです。また、それら配管を丸ごと保温性の高い箱で覆う構造になっています。

着想の原点はタイヤ製造現場でのメンテナンスの課題でした。耐久性が高いためそれほどメンテナンスの手間がかからないのですが、バルブを交換する際にはねじやフランジで接続されているバルブを配管から取り外す必要がありましたし、さらにバルブの保温材も一度取り外す必要がありました。その作業は手間がかかりますし、接続部からの漏れの検査も大変です。

そのような課題を解決するため、バルブと配管を一体化したユニットにしようと考えました。バルブと配管を一体化して組み立て時に漏れの検査まで行うことで、設置にかかる手間を削減したわけです。また、RPUで使用する加硫機用バルブには独自のパネル接続方式のバルブを採用し、バルブ単体の交換も容易にしました。さらに、RPUはバルブや配管類を箱で覆うため、従来のような保温材の着脱の必要がなく、高い保温効果を維持することができ、省エネにつながり、省スペースにもなります。

このアイデアを基にして試作品を作り、開発から3年ほど国内のタイヤメーカーに提案しながら細かな改良を重ねました。その後、国内での使用実績を基に客先の海外工場にも展開していきました。社内では、ほかにも電動のバルブを試作したり、よりコンパクトで軽量なバルブを試作したりするなど、知恵を絞って新たな製品を作り出し、私たちのバルブだからこそできる革新性の価値を高めていったのです。

加硫機用以外の機器設計に横展開

新製品の開発では三つの方向性を考えました。一つ目は、加硫機以外に向けたバルブの開発です。現状として私たちのバルブはタイヤメーカーに高く評価されていますが、バルブそのものはタイヤ業界以外でも使われていますので、接点や取引実績のない業界に向けた展開は難しい点もあります。しかし今までに接点のある取引先であれば新たなバルブを提案することができます。性能を伝えられればほかの業種でも需要を開拓できる可能性があります。

二つ目は、バルブ以外の製品の開発です。具体的には、中心機構やローダといったタイヤ加硫機で使われている主要機器や、タイヤの成型工程で用いられる多様なドラムをタイヤメーカー向けに手掛けたりしました。重工系の会社ではタイヤ製造の工程で使われる多様な大型設備を作っています。そこにも私たちの技術を生かせるビジネスチャンスがあるのではないかと考えたのです。

三つ目は、加硫機そのものの開発です。父は鉄工所で働いていた頃からいつか自分が設計した自動機械を世の中に送り出したいと考えていました。加硫機は自動機械であり、すでに構造もよく分かっていますし、加硫機のユーザーであるタイヤメーカーとも十分なコミュニケーションができる関係性を築いています。その立ち位置を生かしつつ、加硫機メーカーから受託生産（ＯＥＭ）を受けたり、タイヤ生産の現場で引き続き私たちのバルブの改善と改造に取り組んだりしながら、最終的な目標として加硫機を作りたいと考えたのです。

ただし、加硫機を量産するわけではありません。加硫機は重工系の会社が手掛けるような大規模な事業ですので私たちの会社には資金的にも人員的にも手が出ません。私たちが挑戦したかったのは、新しい加硫機をコンセプトから考えることです。既存の加硫機用バルブから新しいバルブを着想し、生み出したように、加硫機をコンセプトから開発し、また、その加硫機が広く使われるようになることを想定して、加硫機用バルブや主要機器の将来性を改めて見直すきっかけをつくりたいと考えたのです。

新しいコンセプトで加硫機作りに挑戦

加硫機作りは大きな挑戦です。試作レベルで作るといえども大型設備の開発ですのでヒトやカネといったリソースが必要です。

私が入社したのは、まさに加硫機作りの意欲が盛り上がっているときでした。私は東京工業大学の大学院を卒業し、大手鉄鋼会社の設備部で生産設備の導入や改善などに携わったのちに、1998年に市丸技研に入りました。

結果を見れば家業に入って父の跡を継ぐことになったわけですが、昔からその意志があったわけではありません。工学の大学を選んだのは理系の勉強やものづくりが好きだったためで、大学に入ってから進路を考えればいいと思っていました。

入社にあたって、なにか特別な役割を与えられたわけではありませんが、この当時の課題だった新製品開発の取り組みを進めることが私の役目になりました。そのための体制づくりとして、機械および電気制御設計の分野で経験がある人を採用し、計4人の開発課を新たに作って設計や開発を始めました。

加硫機の開発もそのなかの一つでした。どのような装置に設計するのか、基本構想設計段階では父や古参の設計メンバーも加わり、ああでもない、こうでもないと議論し、試行錯誤しながら加硫機を考案しました。

新たに開発する加硫機のコンセプトは、輸送、据付、メンテナンスがしやすいコンパクトな装置にすることです。当時主流になりつつあった油圧駆動の加硫機は、タイヤの金型を開閉してタイヤを出し入れするため、見上げるほど高く、ゴツい機械です。そのため、設置したときの高さを抑えるために床に穴を掘ります。この穴をピットといいます。ピットを作るためには工事が必要ですし、撤去したときにはピットを埋める必要もあります。

新たに考案した加硫機は金型の開閉動作を見直すことで縦方向にコンパクトな装置となり、ピットを掘る必要がないピットレス加硫機となりました。また、製造現場では油圧駆動に使う油が漏れる課題もあったため、油圧ではなく電気駆動の加硫機としました。

タイヤメーカーとの共同開発

間もなくして加硫機のコンセプトモデル（試作機）ができると、タイヤメーカーをはじめとする業界内の会社が興味をもちました。しかし、関心は示すのですが具体的な商談には至りません。構造や動力が異なるまったく新しい加硫機を使うとなるとタイヤ工場の加硫工程を大きく見直さなければなりません。コンセプトが斬新で、生産現場の課題解決につながると分かっていても話は簡単には進まないのです。

そんななか、興味を示し、共同開発という形で加硫機作りを行うことになったタイヤメーカーがありました。私たちのバルブなど加硫機用の部品の取引でつながりがあった会社です。

きっかけは、そのタイヤメーカーの子会社の社長が部品の立ち会いで私たちの会社を訪れたことでした。その際にコンセプトモデルを見て、報告を受けた親会社の社長がぜひ見てみたいと熱望して来訪することになったのです。

当時30人ほどしかいない地方の工場にタイヤメーカーの社長が来るということで、その日の社内はいつもとは違う緊張感が漂い、父も朝から自分たちの現場の掃除を指示したり、自ら掃除をしたりして落ち着かない様子でした。

工場に来た社長はコンセプトモデルを見て、非常にシンプルな構造であること、ピットレスであることなどをたいへん気に入り、加硫機の話で盛り上がりました。父は自分の念願でもあった自作の加硫機に興味をもってもらえたことをとても喜び、加硫機作りに関する想いを熱く語りました。一方の社長は技術者ではないものの、機械設備にたいへん興味があったため、ものづくりの情熱という点で共感することが多く、世の中にないものを作り出す価値についての熱い語り合いが続きました。

この日は来賓用として筑後地方の郷土料理である「うなぎのせいろ蒸し」を注文してあり、応接室で一緒に食べる予定でしたが、二人の話が盛り上がったため社長の希望でコンセプトモデル見学用に設けた工場内のプレハブ小屋で、コンセプトモデルを眺めながらの会食となりました。

このとき、このメーカーは他社から新しい加硫機を購入する話を進めていました。しかし、社長は私たちのピットレス加硫機を導入し、社内のエンジニアチームと共同で改良していきたいと考え、後日の打ち合わせで担当者に契約をキャンセルするように指示しました。すでに加硫機の製作は始まっていたため、多額の違約金が発生したはずです。そのお金を払ってでも、社長は私たちが考案したコンセプトの加硫機を選んだのです。

ピットレス加硫機の試作は私たちの会社が担い、加硫機本体の量産はタイヤメーカーのエンジニアリング子会社が進め、私たちはその子会社と協業でバルブと主要機器のみを製作して納入することになりました。

タイヤメーカーが自社のグループ内で加硫機を作るケースは珍しくありません。タイヤメーカーは自社もしくは子会社でタイヤの付加価値を作り出す成型機やそのほかの装置を開発していて、内製するための組織を保有しているところも多く、加硫機を作る体制もそろっているからです。

これは私たちにとっては大きな売上になりました。私たちのバルブは一台数万円で、加硫機など1台あたりに使われるのは20~30個ほどです。しかし、新しい加硫機にはバルブと主要機器を含めてかなりの数の部品が使われ、バルブで換算すると数百個の価値になりました。また、私たちが関わった加硫機は、その後海外の工場にも導入されることになり売上が急成長することになったのです。

第 5 章

長時間残業、在庫不足……
成長の裏側で浮き彫りになった経営リスク

世界トップの座を
不動にするため
断行した組織改革

世界経済が揺れた突然の危機

２０００年代に入り、日本は小泉政権時代を通じて景気が回復に向かい始めていました。企業の生産活動は回復し、人々の消費も戻り、負の遺産だった企業の債務や不良債権が解消され、新たな成長に向けた経済の基盤が着々と固まりつつありました。

しかし、２００８年9月にアメリカで起きたリーマンショックによってムードが一変します。サブプライムローン問題から始まった世界的な金融危機によって日本国内でも幅広い業種で生産活動が低下し、ようやく終わるかと思われたバブル崩壊以来の「失われた20年」の不況が、失われた30年に延長されることとなるのです。

リーマンショックは、その名にあるようにリーマン・ブラザーズが６０００億ドルという史上最大級規模の負債によって倒産したことで発生した世界的な金融危機です。しかし、実体経済としては製造業が受けた影響のほうが深刻でした。

自動車業界を見ると、アメリカの自動車業界でビッグ3といわれる3社のうち、クライスラーが2009年4月に破産法の適用を申請し、2カ月後にはゼネラルモーターズも破産法の適用を申請します。残るフォードは破産に至りませんでしたが、傘下にあったジャガー、ランドローバー、ボルボ、アストンマーティンなどを次々と手放すことになりました。

日本の自動車業界では、トップメーカーであるトヨタが2009年3月期の決算で営業赤字に転落します。トヨタの赤字は71年ぶりのことで、この年、経営立て直しのためにF1からも撤退しました。日本経済全体で見ても、日本は自動車産業が貿易の重要な軸であるため、日本の製造業出荷額は2008年の336兆円から70兆円も減少しました。

急な暇に困惑する現場

バブル経済の崩壊ではほぼ無傷だった私たちの会社も、リーマンショックの影響は避けられませんでした。自動車の需要が減ればタイヤの需要も減ります。経済が停滞することによってタイヤの需要の6~7割を占めるタイヤ交換の需要が減り、タイヤの生産および新規設備投資も減り、当然ながらタイヤの生産設備に使われる私たちのバルブの注文も減りました。

リーマンショックの直前の工場はパートナー会社を含めて周囲全体がフル稼働している状態でした。

しかし、リーマンショックの影響を受けた2009年の生産量は約半分にまで激減します。製造業全体が一時停止し様子見の状態になったことで、これまでずっと全速力で走ってきた従業員は急にやることがなくなり、時間をもて余すようになったのです。

仕事が最も減ったときは、1週間のうち3日仕事に出て4日休みとなることもありました。ほとんどの社員にとっては入社して初めての暇な時期でした。

製造業は注文があって稼働する業種ですから、できることは限られます。設計も顧客からの依頼が減って手が空いています。通常であれば空いた時間で組み立てなどを手伝うのですが、作るものがありません。なにか仕事はないかと顧客を訪問して回っても、減産している顧客の現場では新たな注文も見込めません。生産も営業もできないなかで、従業員たちは自分たちの現場の整理整頓をしたり駐車場の草むしりをしたりして過ごすしかありませんでした。

忙しいときは残業が当たり前になり、繁忙期には休日返上で働く日常は体力的に大きな負担になります。平日は深夜に家に帰るため、子どもと話したり遊んだりすることができず、寝顔しか見たことがないという人もいました。

しかし、仕事がないと精神的な負担がかかります。設備が止まり、シーンとした工場の中で、誰もが仕事がない毎日と急変した日常に困惑していました。

忙しいときは仕事に集中しますので余計なことを考えませんが、暇になるといろいろと考えてしまうものです。「この会社で働いていて大丈夫なのだろうか」「これから会社はどうなるのだろうか」などと不安に感じる従業員が増えて、職場は重苦しい雰囲気になっていきました。

そのような状況で、会社としてはできるだけ前向きな姿勢を維持できるように声がけ、働きかけをしました。危機感はあり、不安もあります。しかし、設計の担当者たちには「暇になった今こそ次のアイデアを考えるチャンスだ」と言い、組み立てなどの担当者には「この貴重な時間で技術を磨け」と伝えました。

ただ、従業員の心にはいまひとつ響かなかったようです。ピンチはチャンスという考えは理解されましたが、「どうせ明日も暇だろう」という思いがあるため、危機感や緊張感が高まらず、仕事をしようにも本気になれないのです。

従業員たちは、時間はいくらでもある、明日やればいいと考えていたと思います。その点でも、仕事はある程度は忙しいほうが望ましく、設計のアイデアも技術の研鑽も、時間がない、今やらなければならないといった状況に追い込まれるほうが真剣味は高まりやすいのだろうと思います。

残業代依存型の給与形態

見方を変えれば、リーマンショックよりも前の時期は異常に忙しかったということでもあります。それまでの勤務状況は月の残業時間が150時間くらいになることもありました。

一応、17時が就業時間の定時であり、水曜日と土曜日は定時退社日としていました。しかし、定時に帰ると「どこか具合が悪いのか」と聞かれます。毎日のように軽食や夜食を食べながら残業することも、定時に帰る人がいない職場も、私たちにとっては普通のことになっていたのです。

常識的に考えれば普通ではありません。そう考えると、私たちにとってのリーマンショックは、世間並みの働き方がどういうものかを実感する機会になったともいえます。

問題は従業員の給与でした。私たちのバルブが売れ始めた当初から残業代はきちんと支給されていたため、残業時間が多い時期は残業代が積み増しされ、年収が1000万円を超える人もいました。分かりやすくいえば、このときの給与計算は時間給の考え方で、個人の能力や評価よりもどれだけ長く働いたかの時間の長さがそのまま給与の額として反映されていたということです。そのため、定時で帰る日が続くと収入は大きく減ります。基本給と残業代が同じくらいの金額だった人は、残業代がなくなることによって収入が半減します。

特に困ったのは車や家のローンを組んでいる従業員で、残業代込みで月々の収入を計算していたため、収入が大幅に減ることで返済が厳しくなってしまったのです。なかには、年齢とともに収入が上がっていく前提で、月々の返済額が増えていくステップ償還という仕組みの住宅ローンを組んでいる人もいました。彼らはローンの返済期間を延長しなければならず、返済や月々の生活費を稼ぐために平日の夜や休日にアルバイトをする人もいました。

リーマンショックの影響を抑えるために、会社は希望退職者を募る形で人員整理をしていきました。結果、従業員数がリーマンショック以前と比べて2割減りました。

そのような応急処置を取っていくなかで、徐々にリーマンショックのパニックが収まっていきます。最大で半分まで減った仕事も徐々に増え始め、次の年には受注は回復していきました。

最期まで仕事第一を貫いた父

リーマンショックの影響からようやく出口が見え始めた矢先、会社にとってもう一つ大きな出来事が起きます。父がＨＡＭ（ＨＴＬＶ－１関連脊髄症）という国指定の難病を患い、社長を退任することになったのです。

市丸技研は良くも悪くも父の会社です。特に設計と生産の現場は父の影響力が強く、徒弟制度のように熱心に指導していましたし、自身も設計や溶接を続けていました。一言でいえば、父はものづくりする従業員にとってのカリスマです。父の退任はすなわち現場の求心力の消失となるため、これを機に会社は組織としてどうまとまっていくかを考えなければならなくなったのです。

父はその後、入退院を繰り返すこととなりました。晩年は自宅で寝たきりの生活となり、発病から7年後の2015年に他界します。

この間も父は常に仕事や会社のことを考えていました。入院中は病室に仕事道具を持ち込み、看護師に注意されたことがありました。医師から調子が良いようだと聞くと、すぐに荷物をまとめて退院し、自宅で仕事をしました。

しかし、徐々に父の体が動かなくなっていきます。私は毎週末、実家を訪問しましたが、父は仕事や会社、従業員の状況を常に気にしていました。

父とは日頃から仕事の話しかしたことがなく、それは最期まで変わりませんでした。病床でも厳しく、最期の言葉となった「お前らはそんなものか」という父の声が今でも耳に残っています。

闘病中は会社立ち上げ時から苦楽をともにしてきた、いわば戦友たちが入れ替わり立ち替わり見舞いに訪れました。会社設立のための出資を決断し、その後も二人三脚で世界進出を目指した商社の社長はこのときは引退していましたが、父は元社長にありがとうと感謝の言葉を伝えたそうです。国内外の工場で私たちのバルブの導入を推進してくれたタイヤメーカーの担当者や、拡販に走り回り手が足りないときに生産現場の手伝いまでしてくれた商社の人たちが見舞いに訪れると父は会社の今後のことを心配してよろしくお願いしますと頼みました。生前最後となった見舞いの面会者は、私たちが考案した新しい加硫機の共同開発を決断してくれたタイヤメーカーの社長で、このときは相談役だった人です。

1978年の創業から数えて37年の軌跡ではいくつもの壁がありましたが、父は総じて運が良く、外部環境と周りの人たちに支えられながら着々と会社は大きくなっていきました。技術で身を立てられたことも、技術に価値を感じ、評価してくれる人たちと最期まで走り抜けたという点でも父はやはり運が良く、幸せな人生を送ったと思うのです。

残業ありきの給与制度の見直し

父の退任後の社長は、会社の監査役だった商社の役員が引き継ぐこととなりました。その後も、同じく商社出身の役員が社長を務めました。二人は創業当初から私たちのバルブの販路拡大に取り組んだ立役者でもありました。

新体制のもと、まず取り組んだのは給与制度の見直しと整備です。従業員の給与は基本給と残業代の二段重ねで給与の主体は基本給であり、残業代はその上に加算されるものです。見直す前の給与はそのバランスが歪み、残業ありきで成り立っていました。しかし、リーマンショックで残業がなくなり給与の総支給額が減ったことで実質給与の低い人を救済する必要が生じたので、２００９年からは残業なしでも問題が出ないように給与制度を改めたのです。その結果、リーマンショック前のときのような長時間残業はなくなり、それを踏まえて２０１３年には、基本給と役割給による給与制度に更新することができました。

人事制度の再構築

私が社長に就任した２０１７年以降は、一人ひとりの社員自身の成長意欲をより引き出すこと、および、人事マネジメントのレベルアップを図ることを目的として、人事制度（評価制度、報酬制度、等級制度）を大幅に改めました。

これまでは、それぞれの役職や仕事に求められる役割の大きさに応じて等級を設定し、役割を担当する社員を格付けしていく、役割等級制度を導入していましたが、この役割等級を、「基本役割等級」と、役職ポストにひもづけた「組織役割等級」の二本立てに再編し、期待役割と昇給、降格要件をより明確にしました。

これにより、年齢やキャリアに関係なく、役職ポストに就かなくても難易度や期待度の高い役割の仕事で成果を上げたと評価されれば昇給が可能となりました。また中途採用を含めて柔軟な給与設定もできるようになりました。

評価制度も、半年ごとに実施する「成果評価」と「行動評価」の二本立てとし、部門と個人の目標を立ててそれぞれの達成度で評価するようにしました。

業務の属人化を解消

残業ありきだった給与形態を変えるとともに、私たちはそもそもの課題として残業が増えやすい労働環境も変えていこうと取り組んでいます。残業が増える原因は、生産力に対して需要が大きいからです。問題を解決する最も簡単な方法は人を増やして一人あたりの仕事量を減らすことですが、リーマンショックで経験したとおり、仕事の量は外部環境の急変によって半減することもあるため、安易に人を増やすわけにはいきません。

ポイントは効率化です。つまり業務の流れや内容を見直し、無理、無駄、ムラを減らすことによって仕事の質を高め、従業員一人あたりの生産効率を向上させることです。

バルブをはじめとする私たちの製品は品質の高さが評価されているため、効率化を考えるとしても質の低下につながる改革はできません。また、顧客の課題を聞いて新しい製品を開発したり、あるいはニーズを先取りして改良点を提案したりする課題解決型の会社であることが私たちの強みですので、そのプロセスを省くこともできません。

作業時間の圧縮だけを考えるなら、顧客から受け取る仕様書どおりに作る仕事に終始するのが最も簡単な方法です。作業が簡略化でき残業も減ります。しかし、それは会社の強みを損なうことになります。

原因の一つは長年の課題でもある、業務の属人化です。例えば私たちのバルブを組み立てる際の溶接は父が長い間一人で品質にこだわって担っていたため、納期遅延につながっていました。

このほかにも属人化している業務は従業員の配分を変えて分担できるようにする必要があります。自社の人材だけでは手が回らないのであれば外部のパートナー会社に頼むことで解消できます。いずれかの方法で作業工程全体が平準化すれば、受注から納品までにかかる時間を短縮できますし、余力を使って在庫を作ることもできるようになるのです。

デジタル活用による効率化

残業が増えるもう少し根本的な問題としてアナログな作業が多いために時間がかかっ

ているともあります。ここはデジタル化で解消し、業務を効率化することができます。そうした取り組みを進めながら、アナログな業務と残業時間は徐々に減っていきました。リーマンショック後は注文数が増えましたが、それでも19時にはほとんどの従業員が退社するようになっていったのです。

２０１０年代に入り、製造業ではＩｏＴ（モノのインターネット）という言葉をよく耳にするようになりました。ＩｏＴはInternet of Things の頭文字で、生産工程や設備の状態などをデータ化して可視化し、そのデータを踏まえて効率化や生産性向上を実現する取り組みです。ＩｏＴは大手製造業の取り組みととらえられがちですが、今後は中小企業も積極的に取り組むことが求められます。ＡＩ（人工知能）やビッグデータの活用などと組み合わせながらデジタル化していくことがグローバルな市場で勝ち残っていくことにもつながるはずです。

このような流れを踏まえて、社内ではまず紙からデータへの置き換えや情報共有のためのツールを導入するといった取り組みをスタートしました。例えば、設計や製造の現場にはタブレットを導入し、図面などを簡単に見られるようにしました。これは紙からデジタルへの移行という意味がありますが、ベテランの従業員が増え、老眼のせいで紙に書かれた細かい文字などが見えづらくなったという声を反映したという裏事情もあります。

また、従業員がやり取りする手段はメールしかありませんでしたが、グーグルワークスペースを使ってコミュニケーションを取りやすくするなど、新しく出てくるツールやアプリケーションを積極的に使いながら作業効率を高めていくことになりました。

ただ、デジタル化による業務の効率化という大きい視点から見ると、着手済みの施策はほんの一部に過ぎません。私が社長になった現在も私たちの会社にはアナログな業務が多く残っています。例えば、設計現場には昔の図面が未整理のまま置いてあります。設計はすでにドラフターで手書きする図面からデジタルに変わっていますが、図面の管理のデジタル化もできると思います。在庫を増やす場合にはその数や品番などをデータで管理することによって品出しにかかる手間と時間を削減できます。

アナログな業務が多く残っているということは、見方を変えれば、デジタル化によって効率化できる領域がたくさんあるということです。そこに会社のさらなる発展の可能性があるととらえて、デジタル化の取り組みは継続していくことが大事です。ＩＴ領域ではChat GPTに代表されるようなＡＩの進化も早いため、そのようなツールの活用も貪欲に検討しながら、生産計画や品質管理といった幅広い分野でデジタル化を進めていくことが重要なのです。

「人にしかできない仕事」

デジタル化を進めれば、従業員がもつ技術や知見をデータ化でき、社内で共有しやすくなります。彼らの知見や技術は会社の財産です。私たちはその財産を45年かけて蓄積してきました。重要なのはその財産を次の世代を担う若い人たちに継承していくことで、それが会社の今後の発展につながっていきます。

　今後は創業期を知る熟練従業員が退職していきます。どのような手順で改良を重ねてきたのか、国内外のタイヤメーカーとどのように関係性を構築してきたのか、技術者として成長していくにはどんな姿勢と考え方が大事なのかなど、加硫機用バルブと会社の発展をもたらした他社が真似しづらい私たちのコアコンピタンスに関わる要因を属人化させず、財産として若い世代に伝えていくことが大事です。そのためにも業務の効率化と財産継承の両方の視点をもって、デジタル化を推進していく必要があります。

　デジタル化についてもう一つ重要なのは、必ずしも人がやる必要がない作業を機械に任せ、その結果として時間ができることによって、従業員が人にしかできない仕事をできるようになるということです。

　私たちは顧客とのコミュニケーションを通じて課題を把握し、解決策を作り出すところに強みがあります。その積み重ねによって信頼関係が強くなり、より多くの課題を抽出し改善のためのアクションを取れます。このやり取りは人にしかできません。デジタル化が難しく、むしろアナログが光る部分でもあります。顧客とやり取りできる時間が増えることで、私たちは強みを磨くことができるようになるのです。

ものづくりは、経験によって生まれる勘や発想力を問われるためデジタル化が難しいと考える人もいます。しかし、デジタル化する作業のほとんどは勘や発想力がいらない作業で、デジタル化を進めたとしても、顧客に寄り添う、課題を掘り下げる、アイデアを練るといった作業は人がやることとして残ります。ものづくりする人のあり方や、技術者として仕事と向き合う姿勢といった点は変わらないのです。

世界トップシェアが安泰ではない

私が社長となった2017年は会社としては第40期、創業40年にあたる年でした。社長就任の前から構想していたのは、会社のブランド力を高めていくための施策です。

私たちのバルブはすでにタイヤメーカーのなかで広く認知されていますし、実績としても世界トップクラスのシェアをもつまでになっています。

しかし、だからといって安泰とはいえません。日本企業が加硫機作りから撤退したことで加硫機メーカーは海外が主体となっていますし、安価なバルブを作るメーカーが増えればグローバルな市場のなかで私たちのバルブの存在感が薄れる可能性も十分に考えられます。加硫機用バルブの作り手として、私たちは常に自社製品を進化させていくことが求められ、そのためには対外的なアピールだけにとどまらず、社内でも自社製品のブランド力を高め、従業員がその価値を理解する必要があります。

また、私たちのバルブの認知度と比べて会社そのものの認知度は低いといえます。業界内では、父が優秀な技術者だったことや私たちのバルブの生みの親であることは知られている一方、どんな会社か、ほかになにが作れるのかといったことは知られていません。つまりこれまでの会社の価値は父の価値とほぼ同義であったということです。

会社の認知度と存在感を高めていくためには、会社の価値を再定義し、周知する必要があると私は考えました。今後は父を知る人も減っていきますので、その点でも、私たちが何者で、どういう価値をもつ会社なのかを発信する必要があると考えたのです。

会社の価値と存在意義

ブランディングの取り組みとして、私は二つの施策を考えました。一つ目は、会社と従業員にとっての指針となるブランド・コンセプトを掲げ、そのコンセプトをベースとした企業理念を実践する理念経営の実現です。

ブランド・コンセプトや企業理念は、世の中における自分たちや自分たちが作り出す製品やサービスのあり方を示すものです。その重要性に着目した背景は、企業経営を取り巻く変化が早く、複雑化しているからです。

「ＶＵＣＡ」の時代ともいわれるように、現在の世界は、市場、競合、テクノロジーの変化が激しく不確実性が高まっています。世の中を見渡してみても、少子高齢化、労働人口の減少、気候変動、資源の枯渇など、多様な経営課題があり、それは社会課題にもひもづいています。

そのような状況を打破していくため、国連は２０１５年にグローバルな社会課題を解決し、持続可能な世界を実現するための国際目標を掲げました。すでに世の中ではその目標であるＳＤＧｓ（持続可能な開発目標）という言葉が広く認知されるようになりましたが、社会の一員である企業もその目標にコミットし、目標達成に向けた取り組みを強化していく必要があります。社会課題の解決に貢献することによって個々の企業の価値は高まりますし、それが会社としての競争優位性の維持と強化につながります。社会をより良いものにするために活動し続けることが企業と事業を持続的に成長させ、企業価値を向上させていく経営の持続可能性、サステナビリティを高めることに結びつくのです。

大事なのは私たちの会社が社会に向けてどのような価値を創出し、提供するのかを明らかにすることです。私たちは社会になにを提供する会社なのか、どんなパーパス（存在意義）をもって活動しているのか、そしてSDGsをはじめとする社会課題の解決にどんなふうに貢献していくのかを社内外に周知し、それを軸にした事業活動を推進していくことが求められると考えたのです。

企業理念の昇華

社長に就任したとき、すでに企業理念はありました。「基本技術と開発の精神で奉仕する」という内容で、私が会社のウェブサイトを立ち上げた2007年頃に父が掲げた理念です。

ただ、社内には浸透していません。従業員の現場感覚として、技術と開発が重要であることは理解されています。ものづくりの精神で顧客に奉仕することが自分たちに与えられた役割であることも分かっています。

しかし、会社のあり方を示す共通言語がなく、従業員のなかには企業理念があることを知らない人もいました。また、会社としても企業理念を伝えたり、自分たちの使命などについて理解を深めたりする機会をつくることはなく、要するに、掲げただけでおしまいの企業理念になっていたのです。

創業時から注文に追われ続けてきた状況のなかで、会社は経営のあり方や考え方といったことよりもものづくりの現場を重視する経営を続けてきました。社会的にも理念経営の実践が注目されるようになったのは近年のことで、その分野への関心が薄かったのだと思います。「基本技術と開発の精神で奉仕する」という理念についても、出どころは父が働いていた鉄工所の企業理念が原型で、私たちが会社として大事にしている考えや思想は織り込まれていません。

また、「基本技術と開発の精神で奉仕する」は技術者個人としてのあり方を示していますが、企業理念として掲げるのであれば企業としてのあり方を示さなければなりません。顧客や社会にどんな貢献をしていくのか意思表示する必要があり、技術と開発の精神で奉仕する私たちの組織にどんな価値があるのかを社内外に理解してもらわなければなりません。そう考えて、私は既存の企業理念を踏まえ、新たな企業理念に昇華させようと考えました。

ブランド・コンセプトの重要性

企業の価値を言語化するためには、まず自分たちがどんな価値をもち、世の中にどんな価値を提供するのかを分析し、整理する必要があります。そこで、従業員を集めて製品のブランド・コンセプトを制定するチームをつくり、自分たちが考える会社の価値や、私たちらしさを表す言葉などを議論することにしました。

従業員はそれぞれ社歴が異なります。職場や担当業務によって会社の見え方にも違いがあります。ただ、そのような違いはあっても、私たちが40年かけて大事にしてきたことや育ててきた価値についてはだいたい似たような認識をもっていました。

議論のなかで出てきたキーワードは、例えば、ものづくり企業である、顧客目線で考える、課題解決型である、技術で貢献する、新しい製品を作り出す、などです。

また、会社の発展の出発点となったバルブはニッチな製品です。加硫機の裏に据え付ける製品で、表からは見えませんし、目立つ部品でもありません。地味といえば地味ですが、実はタイヤの品質を左右する重要な部品です。地味だけども重要な製品を通じて顧客を支えることも私たちの会社の特徴だといえます。

そのような議論をしながら、私たちは「見えないところに価値がある。」をブランド・コンセプトとすることにしました。

私たちは、すでに高品質な製品を提供し、さらなる品質向上に向けた研究と開発にも取り組んでいます。そのために、顧客の現場に埋もれている細かなニーズや現場担当者が認識していない課題を発見し、見えないところにある価値を掘り起こします。

また、現場にとって使い勝手の良い製品に進化させていくために、現場のニーズを理解し、顧客それぞれの業務フローや設備構成などに合うオリジナル製品にも対応しています。例えば、製品開発の際には、現場確認やヒアリングを通じて、使い勝手やメンテナンス性、安全性を考慮した設計をします。また組み立て作業においても、面取りをしておく、砥石をかけておく、スムーズに動くように調整するといったちょっとした配慮を常に心掛けるようにしています。丁寧に梱包して納品することも、全員参加の整理整頓で製造現場をきれいに保つことも、私たちが日常的に行っているあらゆる業務が「見えないところ」へのこだわりであり、それが自社製品の価値に結びついていると思います。

そのような取り組みが顧客からの評価につながっていることを踏まえて、目に見える価値だけでなく、見えないところにある価値にもこだわった製品とサービスを提供することが私たちの価値であると位置付けたのです。

見えないところに価値がある。

「見えないところに価値がある。」をブランド・コンセプトに掲げたのは2017年のことです。ただ、この短い文章だけでは私たちの考えやこだわりが伝わりません。従業員としても、日々の業務のなかでどんな点に着目し、どんな考えをもって取り組むかがイメージしにくいはずです。

そこで、「見えないところ」にある「価値」を作り出していくための考え方や取り組み方を文章で補足することにしました。また「見えないところに価値がある。」というブランド・コンセプトを日々の業務で意識しやすくするために、従業員に大切にしてほしいStanceについても補足しました。

「見えないところに価値がある。」は、私たちが製品に込めた概念、世界観、会社として最も大事にしている想いを詰め込んだフィロソフィーです。また、Stanceは、私たちのブランドを生み出すための働き方を表すものです。

【Stance（仕事との向き合い方）】

相手の立場に立つ
　お客さまや仲間の立場になって考え、想いを汲み取る。
追求する
　物事を深く掘り下げて考え、細部にもこだわり、追求し続ける。
プロ意識を持つ
　自分たちにしかできないことを意識し、期待に応えるだけでなく超えようとする。
時代を読む
　敏感に時代をキャッチし、人々の価値観やニーズを捉える。
広い視野で学ぶ
　自分に足りないものを把握し、引き出しを増やすために学び続ける。

すぐやってみる

アイデアを実行してみることを意識し、時に走りながら考える。

自分たちのあり方を示す

ブランド・コンセプトを決めると同時に、私は経営理念も制定しました。また、2022年には経営理念を企業理念に名称変更し、その内容を刷新しました。

企業理念は、ブランド・コンセプトをベースとするもので、私たちの会社の存在意義を表し、何のためにあるのかという問いに答えるパーパス、私たちが目指していく方向性を表し、どこに向かうのかを示すビジョン、その未来像にどのようにたどり着くかを表すミッション、そして、パーパスを実現していくために私たちの会社の社員一人ひとりが大切にする価値観を表すバリューの4つを主な柱としてまとめました。

【企業理念】
・PURPOSE　ものづくりを進化させ、持続可能な社会の実現に貢献する
・VISION　ユニークな顧客価値を共創するグローバル企業集団
・MISSION　多様なものづくりのニーズを超える顧客価値を提供する
・VALUES
コンプライアンス
私たちは、関係法令を遵守するとともに、社会人として倫理道徳に反しないように行動します
顧客重視
私たちは、顧客価値を追求した課題解決型の製品及びサービスを提供します
コラボレーション
私たちは、企業間連携や産学連携などとのコラボレーションにより、新しい顧客価値を創造します

イノベーション

私たちは、プロ意識を持って新しい機能と価値創造に挑戦することで、イノベーションを創出します

グローバル

私たちは、グローバルな視点で物事を捉え、世界に通用する製品及びサービスを提供します

環境保護

私たちは、地球環境の保護に配慮した生産活動を行い、地球に優しい製品及びサービスを提供します

カルチャーの共有

こうして企業理念がまとまりましたが、掲げるだけでは浸透しません。そこで考えたのが、私たちのブランド・コンセプトを社内外の人たちに知ってもらうためのツール作りです。

具体的には、「見えないところに価値がある。」というブランド・コンセプトがどういう意味なのか、また、「見えないところ」にある「価値」を見つけ、製品を通じて顧客に提供していくために、どんな視点をもち、どんな姿勢で仕事と向き合うのかを分かりやすく見せるツールを作ろうと考えました。

その内容は「カルチャーブック」と名づけた小冊子にまとめました。装備や訓練など見えないところにこだわる忍者をキャラクターにして、全20ページのすぐに読めるツールを作ったのです。忍者のキャラクター名は「常ちゃん」で、父・常一の名前が由来になっています。

　カルチャーブックの内容は、まず見えないところにこだわってきたことが顧客の信頼獲得につながり、また、私たちの強さの根源であるという説明からスタートします。また、見えないニーズに気づき、応えてきた背景として、モノだけではなくヒトに視点を当てて課題解決を考えてきたことや、今後も見えないところにこだわることで、新たな価値を生み出していけることを伝えています。

　カルチャーブックはブランド・コンセプトを簡潔に解説したもので、数分もあれば読み切れます。ブランド・コンセプトの説明を長々と書き綴っても最後まで読まない人が現れますし、読む量が増えることで伝えたいメッセージもぼやけてしまいます。カルチャーブックはその間を狙ったものです。要点を絞ってすぐに読めるツールに仕立てることがブランド・コンセプトの浸透につながるだろうと考えたのです。

認知度向上のための一手

ブランド・コンセプトおよび企業理念の制定とともに、ブランディングを目的として二つ目に行った施策は社名の変更です。これは大きな決断でした。私たちのバルブほどの認知度はないにしても、顧客や取引先の間では市丸技研という名前が40年かけて定着してきましたので、社名変更によって再びゼロから認知してもらわなければならないからです。

社名変更を決めた理由は、企業名で自社製品やサービスのブランディングをグローバルに推進していくためです。そのような意図をもって、2019年4月1日付で、株式会社市丸技研を英語表記の社名「株式会社 ROCKY-ICHIMARU」に変更しました。

世界での事業拡張を目指すという点では、これまで緑系だったコーポレートカラーも青系の日本の伝統色である瑠璃色にして、日本の製品が海を越えて世界に広がっていくイメージに変えました。また、ROCKYを社名に入れた理由としては、私たちの代表的な製品である加硫機用バルブ「ROCKY」が弊社製品であることを認知しやすくするためです。

「ROCKY」は、私たちの会社が生まれる以前から商社が一部の製品で展開してきたブランドであり、商社の創業者がアメリカのロッキー山脈を越えてアメリカに商品を販売したいという希望から名づけられたものです。また、当時は新たなバルブを販売する際に、ロッキーシリーズの一つとしたほうが商社として営業しやすいという理由がありバルブに「ROCKY」と表記していたため、「ROCKY」バルブと呼ばれるようになりました。

ただ、「ROCKY」ブランド群の一つではあるにしても、私たちのバルブには独自の製品力がありますし、「ROCKY」ブランドとは違うブランド・コンセプトをもっています。その点は導入実績にも現れていますし、加硫機用バルブというグローバルなニッチ市場でトップシェアをもつまでになりました。顧客の声を聞きながら改良を重ね、

45年にわたって進化させ続けてきたという個性もあります。

そのような点をより強く打ち出すために、「ＲＯＣＫＹ」と市丸を合わせたROCKY-ICHIMARUを社名にし、社名で自社製品のブランディングを進めるようにしました。

また、創業当時からの会社のシンボルマークは、創業者の苗字である「市丸（いちまる）」の「市」を「一」とし、丸を「〇」として、横棒が円内に収まらずに飛び出すことによって既存の枠や概念にとらわれない柔軟かつ革新的な発想力をもつ企業であることを表しています。

人への投資

ブランド・コンセプトや企業理念の制定、社名変更やコーポレートカラーの変更といったＣＩを通じて感じたのは、企業理念をつくったり会社のあり方を決めたりすることよりも、その意味や意義を社内に浸透させることのほうがはるかに難しく、重要だということです。

ここは仕組みで解決していくしかないと思っています。仕組みとは、会社と従業員のコミュニケーション、従業員同士のコミュニケーション、教育制度などを改善しながら、自分たちがどういう会社であり、どこを目指しているのか共有できるようにするということです。

そのような考えから、まずは社員教育の一つとして会社のことや企業理念について改めて知ることができる勉強会を開き、継続的に実施していく計画を立てました。企業理念を制定したときにも全従業員を対象にした説明会を開きましたが、浸透させるためには継続することが大事です。

また、企業理念についてだけでなく、日々の業務とは直接的には関係のないことまで含めて幅広い範囲で勉強ができたり、他部署の人との接点を通じてほかの従業員がどんな業務をしているのか知ったり、そのためにお互いがコミュニケーションを取る機会を増やしたりすることも大事だと思います。

日々の業務が忙しくなると、つい近視眼的になり目先のことにとらわれます。タコツボ的に仕事に没頭してしまい、企業理念について考える余裕がなくなり、自分が何のためにどこに向かって仕事をしているのか見失いやすくなるのです。

会社がまだ小規模だった頃は毎日午後の3時に牛乳タイム（飲み物を飲みながら談笑できる小休憩の時間）があったり、残業時には従業員同士で夜食を食べたりするなど、他部署の人とちょっとしたコミュニケーションが取れました。

リーマンショック以降はそのような場はなくなりましたが、今後は新たな社内コミュニケーションの機会や場をデザインしていきたいと考えています。また、技術の話だけにとらわれず、会社が目指す方向性や市場全体について理解を深めることも大事です。

その観点で、例えば、外部の講師を招いて知財について学んだり、タイヤメーカーや加硫機メーカー出身の人に頼んでタイヤ製造設備や技術について講義をしてもらったりするといった取り組みもできます。

学びの場をつくることは従業員の成長を促すことにもつながります。仕事を通じて成長を実感できれば、それが仕事に取り組む満足感や充実感につながり、会社に対するエンゲージメントも高まります。

近年は、人を会社の財産ととらえ、彼らに投資する人的資本経営が注目されるようになりました。時代が変わり、働き方が変わり、組織の体制や制度が変わったとしても、従業員が会社の財産であるという考えは変わりませんし、変えてはいけないところだとも思います。

重要なのは、変わらないために変えていくことだと思います。逆説的な表現ですが、これまで45年かけて築いてきた価値をブランドとしていくためには、学びやコミュニケーションの場をデザインし、意図的に作り出すことが重要です。それが結果として、社名が変わっても受け継がれる私たちのイズムや私たちらしさ、つまり私たちがもつ不変の価値を際立たせることになると思うのです。

第 6 章

時代に合わせたアップデートで
ニッチの頂点を極める

求められるのは
サステナブルなものづくり

変化は好機

事業を取り巻く環境の変化がスピードを増しています。具体的には、自動車業界の変化、タイヤの需要や製造工程の変化や、人口減少と働く人たちの意識の変化などが挙げられます。

自動車業界の変化としては、近年はＣＡＳＥ（Connected、Autonomous、Shared&Services、Electric の頭文字）がキーワードとなり「１００年に一度の大変革」を迎えています。製造業は設備のＩｏＴや品質管理などでのＡＩ活用によって急速に効率化が進んでいます。

また、ＥＶが急速かつ世界的に普及している点に注目する必要があります。現状を見てみると、日本政府は２０３５年までに乗用車の新車販売でＥＶ（ＰＨＶを含む）の比率を１００％にすることを目指しています。実際、足元ではＥＶの新車販売比率が伸び、

２０２１年から２０２２年の1年間で比較すると2倍以上に増えています。

日本よりもＥＶ普及が進んでいる海外では、例えば、環境先進国が多いＥＵ諸国は、２０３５年以降ガソリン車の新車販売を禁止すると発表しています。中国もＥＶ大国の一つで、２０６０年までにカーボンニュートラルの実現を目指すと掲げ、市内にＥＶが増えるとともに、ＥＶ向けの充電インフラも急速に整備されています。私たちの仕事とＥＶは直接的には結びついていません。しかし、車にはタイヤが必要ですし、タイヤは加硫機が必要です。そして、タイヤの加硫機にはバルブが使われています。

タイヤ業界では、省エネや省資源化を通じた環境負荷の軽減の取り組みとして、使用済みのタイヤのリサイクルやリユースがスタートしています。古いタイヤを再利用する方法としては、タイヤのゴムの路面と接する部分（トレッドゴムといいます）を削り、その上に新しいゴムを貼り付けます。これはリトレッドタイヤと呼ばれるものですが、台タイヤ（古いタイヤの基礎部分）を再利用できるので、新品タイヤと比べてタイヤ生産時の環境負荷を大幅に軽減させることができます。この場合、加硫は新しいゴムの部分にだけ行うために、加硫工程や設備も違いがあり、ゆえに必要なバルブの数に違いがあります。

働く人たちの変化という点では、コロナ禍以降は働き方が変わり、そしてZ世代の若い人たちが社会人として活躍する時代になりました。サステナブルな経営という点では、若い世代の働き手を継続して確保できる時代に合わせた魅力的な会社に変わっていく必要があります。

そのためには制度や労働環境の面で働きやすい環境をつくる必要があります。社会に貢献し、社会から必要とされる会社として認知されることも大事です。働き手や環境を無視した経営は今後成り立たなくなるでしょうし、古い考えにとらわれたままの会社は淘汰され、変化に適応できる会社だけが生き残っていくことになると思います。

このような変化をチャンスにしていくためには、外部環境の変化を踏まえて、会社の事業モデルや組織を柔軟に対応させ、自らが変わっていくことが求められます。私たちのバルブが加硫機用バルブのトップブランドであったとしても安心材料にはなりません。改良によって製品を進化させるだけでなく、会社のあり方から考えて変化に適応していくことが大事ですし、より大きな変化を想定しながら、まったく新しい製品を作り出していく意欲、発想力、行動力が求められます。

時代の変化に合わせた戦略

変化への適応は新たな挑戦です。また、新たな挑戦は、ヒト、モノ、カネのリソースに余裕があるときにしかできません。経営に切羽詰まると、おそらく目先の売上確保に走ることになり、中長期で見て無駄になるかもしれない投資はできませんし、売れるかどうか分からない新製品の開発も後回しになります。

幸い、加硫機用バルブが普及したことで私たちは次世代への投資ができる状態にあります。次の手を考える機会であり、今後の会社の行く末に影響する重要な分岐点だと思うのです。

私たちは加硫機用バルブの開発と生産からスタートし、その後の40数年で加硫機以外の部品やタイヤ業界以外に向けた製品づくりに事業領域を広げてきました。時代や事業が変わっても会社の主軸は加硫機用バルブをはじめとした加硫機関連ビジネスです。

加硫機そのものは長いこと大きな仕様変更がなく、細かな改良点を除けば工程そのものは何十年も同じままですが、今後は顧客や社会に求められる要素が確実に変わります。社会の変化、課題の変化、顧客のニーズの変化を敏感にとらえて、要求に応えるための技術とサービスを磨いていくことが求められるのです。

挑戦の方向性としては、世界中のタイヤメーカーや加硫機メーカーの多様な課題解決に向けたバルブの製品開発およびサービス提供が考えられます。また、バルブの需要を支える加硫技術の変化をとらえるためにも、既存の加硫機の機器改善や改良開発、およびそれらの新規加硫機への横展開も引き続き重要になります。

「環境への取り組み」という評価基準

少し視野を広げれば、環境面では政府が掲げる2050年のカーボンニュートラル実現があり、企業はその目標にコミットして環境負荷の軽減に取り組んでいますし、取り組まなければならない状況にあります。

車はガソリンを使うため脱炭素の実現という点で改良が求められています。また、技術革新によってEVをはじめとする新しい車も開発されています。一方、私たちが手掛けるバルブの製造は、社内では組み立てや一部加工で電力を使いますし、サプライチェーン全体を考えると、鋳造や輸送といった工程でもCO_2などのGHG（温室効果ガス）を排出します。

これからますます事業を通じたGHG排出が規制されていくと考えると、CSR（企業の社会的責任）の観点でも何も手を打たないというわけにはいきません。環境への意識が高まっている今の時代では当然環境に無関心な会社は見放されます。

特に大手企業は自社の製造工程や事業活動で排出するGHG（スコープ1、2）のみならず、製品の材料調達からデリバリーまでを含むサプライチェーン全体のGHG排出量（スコープ3）をゼロにしようと取り組みます。

極端にいえば、大手企業の社会的信用という点で、GHG排出の対策がなく仕入れコストが安い会社より、GHG排出量がゼロでコストが高い会社が選ばれるようになります。そう考えると、パートナー会社としてサプライチェーンに加わる私たちも無策でいるわけにはいきません。顧客や商社から具体的な対応要請は来ていませんが、GHG排出量を削減する計画を策定するとともに、環境負荷の軽減に貢献できる製品の開発を進めているところです。

従来の企業活動は売上を安定させることがサステナブルな経営につながりました。今後はそれだけでは不十分です。環境に配慮した事業活動の仕組みを構築し、取引先から環境フレンドリーなパートナー会社と認められ、選ばれるための活動がサステナブルな経営により直接的に結びつくようになるのです。

成長をもたらす顧客とのつながり

時代や外部環境の変化を会社の発展の機会にすることが目下の私たちの目標です。

私たちは過去45年の事業活動を通じて国内外のタイヤメーカーや加硫機メーカーと信頼関係をつくってきました。事業の始まりは加硫機用バルブですが、そのほかの製品群も着々と広がり、加硫機用部品や成型機用部品、高圧油圧機器、製鉄業界向け大型アングルシート弁なども作っていますし、外注先と社内組み立てのリソースを活用した図面支給の製作組み立て案件にも取り組んでいます。

このコネクションは課題解決型の会社である私たちにとって大事な財産の一つです。多方面の会社とつながりをもつことで、より多くの課題を聞くことができますし、こんなものは作れないか、こんな製品を作ってほしいといった相談を受けます。

バルブのみの事業だったとしたら、課題や相談の範囲も広がらなかったと思います。加硫機用バルブから始まり、加硫機メーカー向け新規部品の新規設計やタイヤメーカー向けの既設加硫機の改善改良、タイヤ業界以外の部品の改善改良などを通じて実績と信頼を積み重ねてきたからこそ「相談してみよう」「彼らならいい製品を作ってくれるはず」「課題解決に導いてくれるはず」と思ってもらえるのです。

また、従業員の意識の面でも彼らは顧客の課題に敏感ですし、新しい製品で新しい解決策を考え出すことに前向きです。これは父の指導の賜物だと思っています。父は常々、今の製品の一歩先を考えることと、考えたアイデアの見える化である構想図や図面を重視していました。製品として世に出た時点でどこかで誰かがその先を考えているので、常に次の一手を考えておく必要があると言っていました。見えている課題を深掘りして、見えない課題の本質を考える、その作業をやめたときに必ず足をすくわれます。

また、アイデアは言葉ではなく常に構想図や図面で具体的に表現するようにと言っていました。耳あたりの良い言葉はいくらでも言えますが、それを図面にする段階で技量が問われます。技術者の思いはすべて図面に落とし込まれるので、図面を見ながらの議論を重視していました。

一歩先を考え、可視化することは、私たちが日々の業務を通じて習慣として身につけた力です。この力を発揮し、さらに磨いていくことで、私たちは変化を機会にできる素地がありますし、外部環境が大きく変化する時代のなかでまだまだ成長できると思うのです。

「働きたい」と思ってもらえる会社に

選ばれるという点では、働き手から選ばれる会社になることも大事です。その点でもどれくらい環境に配慮した事業運営や環境に関連した事業展開を進めているか、つまり持続可能な社会に向けた活動内容が、選ばれる重要なポイントの一つになりつつあります。

人が「この会社で働きたい」と考える理由はいくつもあります。従来であれば、給与の金額が重視されました。もちろん、人によって別の要素を重視する人もいますが、少なくとも私が社会人になった頃は収入が企業選びの重要なポイントでした。

しかし、最近は働き手の価値観が多様化しています。給与が高い会社よりも給与はそこそこで休みが十分に取れる会社を選ぶ人もいます。安定感がある大手企業よりさまざまな経験が短時間で積めて成長性があるベンチャー企業を選ぶ人もいます。働き手にとっての企業選びの基準がさまざまなのです。

環境についても同じで、業績や成長より環境保護に力を入れている企業で働きたいと考える人もいますし、その数は環境重視の時代のなかで増えているように感じます。私たちの場合、顧客の主要な課題が省エネということもあり、省エネ対応製品や省エネに向けた開発への協力などを通じて環境保護に貢献していることが選ばれるという点での強みの一つになると思っています。

また、製品の交換頻度を下げること、つまり製品寿命を延ばすことによって、製品の生産や交換作業、輸送を抑えることも環境保護の活動につながります。そのような考え方も社会で浸透しつつあり、そこでも私たちの価値を社会に向けて示していける可能性が増えてきています。

選ばれる会社になるためには、企業理念を打ち出すことでどんな会社か知ってもらうことや、学びの機会をつくり、この会社なら成長できると思ってもらうことも重要なポイントだと思っています。

２０１７年にブランド・コンセプトを作り、その後、企業理念の制定と刷新を行って、社内では「見えないところ」にある「価値」を作り出しているという従業員の意識が高まったと感じます。また、自分たちの役割が言語化され、プロとしての意識やプライドをもつ人が増えて、積極性も増したと思います。

働き手の確保という企業側の視点では、日本の人口が減り、確保しづらくなっていることも大きな外部環境の変化といえます。特に私たちが拠点を構える地方は都市部と比べて人の確保に苦労します。

ものづくりしたいと考えている人も限られますので、優秀な人を確保する採用の施策と、入社した従業員の離職率を抑えるための施策が重要です。今後ますます人が減っていくと考えると、中長期で発展できるサステナブルな経営の実現という点では市場内のシェアを取ることと同じくらい、人を採ることが大事といえます。

この会社で働きたい、働き続けたいと思ってもらうためには、労働環境を整える必要があります。残業が常態化していたリーマンショック以前と比べると、今は業務の効率化やデジタル活用を進めたことなどによって残業は減っています。

コロナ禍が落ち着き始めてからは注文が増えたことによって忙しさが増し、人手不足を感じるときもありますが、それでも以前のように深夜まで働いたり、休日出勤して生産に追われたりするようなことはありません。

ただ、さらなる発展を目指すためには人を増やす必要があります。今後はベテラン層の定年退職が増えますので、新卒者を含む若い人の確保だけでなく、時短で働く人や外国人の採用、生産工程の省力化や自動化なども考えていかなければなりません。

従業員から見た価値

未経験の人が早く仕事を覚えられるように教育の仕組みも整えていく必要があります。創業当時はいわゆる職人的な「見せて教える」「見て学ぶ」という教育で、その環境のなかで成長意欲が高い技術者が伸びていきました。

しかし、今は時代が違います。真面目で向上心がある人が多いという点は変わっていませんが、教え方や学び方を効率化する必要があります。生産現場でその都度、聞いたり教わったりするのではなく、作業手順を明確にして、誰でも作業できるようになる仕組みをつくることが求められるのです。そのような考えから、会社の取り組みとしては作業手順、ルール、トラブル防止のためのノウハウなどをまとめた手順書やマニュアルの整備を進めています。このようなツールがあることで、教える側も学ぶ側も時間を有効活用できます。

手順書などによる作業の標準化とルール化は、作業の属人化を防ぎます。おのおのが好き勝手に仕事を進めたり、誰から学ぶかによって教わる内容や教え方の質に差が出たりすることも抑えられ、それが業務の効率化だけではなく品質向上にも結びつきます。私たちの会社は2019年に国際品質マネジメント規格のISO9001（2015年版）と国際環境マネジメント規格のISO14001（2015年版）の認証を取得しましたが、継続的にルールを見直して、品質向上に努めています。

職場環境という点では、快適に仕事ができるだけでなく、働く人の幸福と健康につながるといわれる良好な人間関係も大事だと思っています。そのためにはコミュニケーションが大事ですし、コミュニケーションを活性化するための施策や物理的な場も大事です。例えば、共通の趣味を通じたコミュニケーションの活性化を狙い、社内でクラブ活動を始め、クラブ活動費は会社が補助しています。

また、会話ができる物理的な場所としては、現在は研修室がその場として存在していますが、今後は社内のコミュニケーションをさらに活性化していくことを目的として、コミュニケーションの場をつくることも検討しています。

この分野の取り組みは、福利厚生も含めてほとんど未着手でした。会社にとっては、働きたい、働き続けたいと思ってもらうことが価値ですし、人口減少の時代だからこそ、その価値を高めていかなければなりません。他社の事例なども参考にしながら施策を増やし、働き手にとっての会社の価値を高めていくことが今後の課題の一つです。

自走する組織へ進化

社内の取り組みとしては、組織づくりをさらに進めていく必要があります。例えば、今後会社の発展の過程では、競合他社を含む業界内外の企業との連携を通じて、新たな製品やサービスを創出し、事業を拡大していきたいと考えていますし、多様な人材の採用を進めていく必要があります。そのためには会社の存在を周知し、社会的信用を高めることによって連携相手や新規人材を見つけやすくしなければなりません。並行してコンプライアンス、コーポレートガバナンスをしっかり整備していく必要があります。

ここは会社として手薄だった部分ではあります。生産に追われてきたなかでつい後回しにしてしまった領域だったので、現在急ピッチで整備を進めています。すでにガバナンスと内部統制の強化には着手しており、業務の可視化と責任権限の明確化を進めています。

また、事業部制に組織体制を変え、コンプライアンス委員会やリスク管理委員会などの各種委員会を設立して、会議体や規程、人事評価制度の整備も進めています。

組織づくりを進めていくためには会社の未来の発展を担う次世代のリーダー層を育てていくことも大事です。そのことを念頭に置いて、2022年に従来の機能別組織から事業部制に変更し、流体制御機器事業部、タイヤ製造機器事業部、高圧油圧機器事業部の三つの事業部に再編しました。事業部再編の狙いは、各事業部に権限と責任を振り分け、事業部ごとの収益と課題や目標を明確にして施策を検討、実行することによってリーダーが育つ組織にすることです。

創業時は、設計から生産に至るまであらゆる面で父が唯一のリーダーでした。設計から製造まですべてこなしましたし、当時は会社の規模もそれほど大きくなかったため、技術面はもちろんのこと、仕事との向き合い方、顧客の課題の見つけ方、仕事の壁の乗り越え方といった技術者としての視点や思考を学ぶという点でも父が指針になり手本になっていました。

小規模な会社であれば経営者一人が引っ張っていく組織でも機能します。経営者の能力が高い場合は会社が一つにまとまりやすくなりますし経営者がフル稼働することで発展のスピードも速くなります。

以前の私の会社もまさにこの状態でした。良くも悪くもワンマン経営でしたので、従業員の主体性が足りていなくても事業は回ります。なにをして、なにを考えればよいか父が指示を出すからです。

しかし、一人でできることや発想は限られます。ワンマン経営の会社は社長の力量までしか成長できませんので、いずれ限界を迎えます。つまりさらなる企業の発展を考えた場合、父に依存した事業運営からの脱却は必須であり、特に父がいなくなった現在では、組織の構造を根本的に見直し、一人で引っ張る経営から複数のリーダーで引っ張る経営に変える必要があります。

事業部制はそのための施策です。各事業部のリーダーを中心として事業部それぞれが自立し、それぞれの役割を発揮できるようにして、会社全体として自走する組織に変えていこうと考えたのです。

2030年に向けた長期ビジョン

私たちのこれまでの事業活動は、愚直にものづくりに取り組み、市場や顧客が求めるものを提供するステージでした。これからは、新たに制定した企業理念のパーパス「ものづくりを進化させ、持続可能な社会の実現に貢献する」を強く認識し、ブランド・コンセプトである「見えないところに価値がある。」を意識したものづくりをさらに進めながら、企業の価値とレベルを上げていくステージだと思っています。

そのためにも、ブランド・コンセプトと企業理念は必ず体現しなければならない命題といえます。また、この二つの命題を体現していくために、現在は2030年を最終年度として私たちの「ありたい姿」を描く長期ビジョンを策定しています。目の前の注文に対応してきた私たちにとって、長期的な成長を見据えたビジョンをもつのは創業以来初めてのことです。

内容としては、定性的には企業理念のビジョンに掲げた「ユニークな顧客価値を共創するグローバル企業集団」になることを長期ビジョンに掲げ、定量的には、ROCKY-ICHIMARUグループ全体の売上を現在のROCKY-ICHIMARU単体売上の3倍近く伸ばすこととします。

ビジョンを実現していくための施策として、まず加硫機用バルブをはじめとする製品の開発と進化については、顧客であるエンドユーザーとの接点をさらに増やし、私たちの製品のファンを増やしていく必要があります。そして、国内外の顧客の課題を迅速に解決していくために、顧客や市場に近い場所に拠点を設けることを検討しています。また、自社で解決することにこだわらず、国内外の同業他社、他業界の企業、大学などとの産学連携や共創を進め、さらにM&Aを活用して新たな製品や市場を開発する活動を進めていかなければなりません。

ものづくり企業としてのあり方については、これまでは製品をベースにして世の中に価値を提供していくアウトプット型であり、プロダクトアウトの活動が中心でしたが、今後はより多様な顧客のニーズに対応しながら価値を創出することに焦点を当て、顧客の課題をインプットしてマーケットインの事業活動に変革し、企業としての持続的な発展と企業価値の向上を進めていきます。かつては父こそが、顧客の声を聞くマーケットインを実践していましたが、逆に父頼みになっていた部分も大きく、抜本的な変革は必要不可欠です。そのためには、顧客や取引先だけでなく、競合先ともビジョンを共有し、協業も必要となっていきます。

ビジョン実現に向けた3つの打ち手

経営方針についてもう少し掘り下げると、長期ビジョンの実現においては、既存事業の深化、新規事業の探索、ＥＳＧ経営の推進の３つが軸になるだろうと思っています。

既存事業の深化は、ＩＴ技術の積極的な活用によって顧客をはじめとするステークホルダーとのコミュニケーションを活性化させることが重要です。私たちが提供しているバルブなどの製品は、顧客に始まり顧客に終わる価値提供のライフサイクルがあり、そのビジネスプロセスには、製品の企画開発、設計、調達、製造、アフターサービスなどの業務が含まれます。コミュニケーションの強化は、それら一つひとつの業務を効率化し、高度化することにつながります。その結果として顧客の事業の機敏性が高まれば事業の成長やグローバル化の推進につながります。また、そのような貢献を通じて顧客の事業活動における私たちのプレゼンスが高まることで私たちの既存事業も拡大していくことができます。

新規事業の探索は、既存事業に関連する事業創出だけでなく、M&Aを主体とした事業拡大を計画しています。ものづくり企業の継続的なM&Aによって私たちの事業分野を拡大するとともに、既存事業であるバルブ製造などのビジネスプロセスの業務リソースを活用することで、グループ企業として事業の効率化と高度化が実現でき、グループ全体の事業規模を拡大していくことができます。

ＥＳＧ経営は持続可能な社会の実現に向けて欠かせない取り組みです。まずＥ（環境への取り組み）としては、政府が掲げている２０５０年のカーボンニュートラル実現にコミットして、自社の事業活動である生産と製品やサービスの提供における省エネと、再生可能エネルギーの活用を推進し、ＧＨＧ排出量を削減します。

すでに着手済みの施策として、企業活動全体のＧＨＧ排出量を可視化するサービスの利用を始めました。今後は早い段階で２０３０年に向けた削減目標を策定して中小企業向けＳＢＴ認証の取得を目指すとともに、グリーン電力の調達や自社敷地内での太陽光発電の導入などを検討していきます。

Ｓ（社会に向けた取り組み）は、人材の多様化を推進します。また、従業員の能力開発に取り組むとともに、能力を最大限発揮できる機会を提供できる企業グループを目指します。

Ｇ（企業統治の利いた取り組み）は、コンプライアンスとリスクマネジメントを徹底し、企業統治の整備と高度化を推進します。

ニッチの頂点における挑戦

最後に一つ付け加えると、会社としても従業員個々の意識としても、常に発展を目指し、進化していく意識を強くもつことが大事だと思っています。これは自分へのメッセージでもあります。創業社長と比べ、2代目以降の社長は安定志向になりがちです。先代が築いてきた会社を破綻させてはいけないという意識が働きやすく、発展のために攻めることよりも維持するために守る経営を選択してしまうケースが多いのです。

しかし、そのような消極的な姿勢では変化が大きい時代を生き残ることができないと思います。変化のスピードが速いからこそ、それと同じスピードで、またはそれ以上のスピードで会社を変化させていくことが求められます。

その点は従業員についても同じです。私たちは現状、加硫機用バルブの業界ではリーディングカンパニーとして世界トップシェアの立場となりました。それは実績や評価の面では大事なことですし、より高みを目指していくためのモチベーションにもなります。

しかし、会社も個人も進化の途中であると考えるなら、世界のトップになったからといって安心してはいけないと思っています。トップシェアをもっている、世界で評価されているといったことは、それが事実だったとしても意識し過ぎることで不要な安心感や慢心が生まれると思うのです。

加硫機用バルブを例にしても、さまざまな機構の改良があり製品群のバリエーションも増えていますが、基本的な構造と設計は誕生した頃と変わっていません。私たちの課題は加硫機用バルブに次ぐ新しい製品を作ることです。加硫機用バルブが売れているからと考えてしまうと、そこで危機感が薄れ、成長意欲が低下します。必死になってものづくりに取り組む団結力が損なわれ、緊張感も薄れます。これらはすべて会社の進化を止める要因になります。

父はいつも、若い従業員に「君たちの飯の種は、君たちが考え、作り出しなさい」と伝えていました。既存バルブ製品に頼ることなく、会社の次の発展につながるまったく新しい製品やサービスを作り出すことが大事ということです。そのためには、変化を察知し、知見をアップデートし続けるとともに、顧客の顕在化したニーズにマッチする製品や、顧客の潜在的な課題を解決する製品を、さまざまな地域の人や会社と共創しながら作り出していくことが求められます。

私たちの役割は、ものづくりの進化による課題解決への挑戦であり、顧客満足への挑戦です。つまり私たちは常に挑戦者であるという心構えを忘れてはいけないと考えています。

おわりに

２０１５年10月17日午後5時、市丸技研の創業者であり父でもある市丸常一は、長い闘病生活の末、家族に見守られながら、静かに息を引き取りました。享年81（満80歳）でした。

父は、市丸技研を創業後、仕事に邁進し、革新的な製品開発や事業活動を通じてタイヤ業界の発展に貢献してきました。父の偉業を後世に残し、また創業者の意思を引き継いで事業拡大に向けて再び動き出したことを考慮し、市丸技研の歴史をまとめて出版することにしました。

市丸技研として誕生してから約半世紀に及ぶ会社の歴史を紐解くため、創業当初の様子を知る当社のＯＢや従業員をはじめ、会社設立と加硫機用バルブの拡販に走り回ってくれた商社のＯＢや、加硫機の改良プロジェクトなどで協力してくれたタイヤメーカーのＯＢなど、さまざまな方々から話を聞きました。

多忙ななか時間をつくって話を聞かせてくれた皆さんに改めて感謝いたします。ありがとうございました。

私は自分が入社する以前の父が技術者としてどんなふうに仕事をしていたのかを実はよく知りません。父は盆と正月の休み以外は毎日朝早くから夜遅くまで仕事をしていましたし、私たち家族に仕事に関する話をすることがほとんどなかったからです。

私が会社に入って以降は、多少仕事の話をするようにはなりましたが、会社でも自宅でも、それ以外の雑談はまったくしませんでした。仕事の話が唯一の共通の話題でした。

そんな父が、ふと「阿蘇に行くか」「雲仙の温泉にでも行くか」と言い出すことがあります。そうなると私たちは大変で、急いで準備をします。

「こうやる」と決めたらやり通し、「やる」と決めたことはすぐにやります。東京から福岡に引っ越したのも加硫機を作ったのも、やると決めたらやらなければ気が済まない性格によるもので、1935年の亥年生まれだからかもしれませんが、あらゆることが猪突猛進なのです。

私とは正反対とまではいわないまでもだいぶ性格が違います。もう少し長く一緒に仕事ができていたら、性格が異なるもの同士でもっと面白い発想や製品が生まれたのかもしれないなと少し残念に思います。

職場でも、その性格のせいで周りが困惑したことが多々ありました。父はひらめきに突き動かされるようにしてすぐに行動するため、周りに相談したり調整したりするといったことがありません。父の頭のなかでは段取りや構想がまとまっているのでしょうが、性格を知らない人にはわがままに見えます。おまけに頑固な性格ですから「事前に相談しましょう」「調整と調和を考えてください」などと言っても聞く耳をもっていませんでした。

そんな父に振り回された人たちは大変だっただろうと思います。また、振り回されながらも最初から最後まで支えてくれた人たちに出会えたことが幸運だったと思います。

関係者の皆さんから父の評価を聞いて改めて確信したことは父が強い信念とこだわりをもつ技術者であったことです。細かなエピソードなどを聞きながら、私の頭のなかには大きな体を丸めて肉盛溶接をしている父の様子が浮かびました。

福岡に戻る以前、父が勤めていた鉄工所での話です。モーター製造に関するある装置を受注したのですが、納得がいく設計に時間がかかり出来上がったのは納期のだいぶあとでした。当初聞いていた納品先とは別の顧客に納品されたため、なぜかと聞いたところ、実は最初の客先からは注文がキャンセルされ、別の客先から新たに受注していたということでした。

中途半端な製品、品質に自信がもてない製品は、納期が問題になっても絶対に出さない、という信念を感じるエピソードです。

それだけ世に出す製品については徹底的に考え抜いたという絶対の自信があったのだと思います。そのために、思いついたものをすぐに製品にすることはせずに、何日もかけて見直せとも言っていました。時間をかけてじっくり考えることで、思いついたときにはいい案と思えたものでもいろいろ問題点が見えてくるものです。設計段階での徹底的な検討を求めていましたし、それが製品の品質を上げていました。

会社には時代や外部環境の変化に合わせて変えなければならないことがあり、また、時代や外部環境の変化に関係なく、変えてはいけないこともあります。本書を執筆しながら、私はその整理ができた気がしています。

変えるという点では、市丸技研はROCKY-ICHIMARUに変わり、事業部制に移行し、組織体系や働き方も変わりました。特にガバナンスの強化という点で、さまざまなルールや会議体が整備されましたし、目標管理や人材育成を含む新しい人事制度を策定しました。会社を持続的に発展させるために必要な施策ではありますが、創業当時と大きく変わった働き方に慣れていない従業員もいます。ここは時間をかけて浸透させていくしかありません。

一方で、変えてはいけないことは、「製品やサービスで顧客を満足させる」という、ものづくりの本質に強いこだわりをもつことや、従業員の成長を支えることなど、父が半世紀近くかけて大事にしてきたことなのだと思います。父とは10年ほどしか一緒に仕事ができませんでした。しかし、父は創業者として常に顧客のことを考え、さらにその先を行く発想力と設計製作力で顧客やパートナーの事業拡大に貢献してきました。私たちは、父の仕事に対するこの姿勢を、今も誇りをもって社風として受け継いでいます。

大乗仏教の経典の一つ、『仏説無量寿経』にある仏教語「和顔愛語　先意承問」の、穏やかな笑顔と思いやりのある話し方で相手の心をおもんぱかって先んじてその人の期待に応えるという精神は、まさに顧客に対して父が貫いた思想であり、その精神は私たち一人ひとりの仕事に対する基本的な取り組み姿勢を表しています。

父の思想と私の取り組みを融合させて、次の半世紀も顧客と社会と従業員に必要とされ続ける会社にしていきたいと考えています。

【著者プロフィール】

市丸寛展（いちまる・ひろのぶ）

株式会社ROCKY-ICHIMARU 代表取締役社長
1970年生まれ。94年、東京工業大学・大学院を卒業。住友金属工業株式会社（当時）に入社。設備部で生産設備の改善や新設に携わった後、子会社の鹿島プラント工業株式会社（当時）で設計製造に従事。98年、父が創業した株式会社市丸技研（当時）に入社。2017年、4代目社長に就任。事業拡大、社内改革、理念経営の実現などに取り組む。

本書についての
ご意見・ご感想はコチラ

ニッチの頂点
地方メーカー世界一への軌跡

2023年8月24日　第1刷発行

著　者　　市丸寛展
発行人　　久保田貴幸

発行元　　株式会社 幻冬舎メディアコンサルティング
〒151-0051　東京都渋谷区千駄ヶ谷4-9-7
電話　03-5411-6440（編集）

発売元　　株式会社 幻冬舎
〒151-0051　東京都渋谷区千駄ヶ谷4-9-7
電話　03-5411-6222（営業）

印刷・製本　中央精版印刷株式会社
装　丁　　村上次郎

検印廃止

ISBN 978-4-344-94702-3 C0034
幻冬舎メディアコンサルティングＨＰ
https://www.gentosha-mc.com/